AF230278

LEÇONS ÉLÉMENTAIRES

Sur le choix & la conservation des grains, sur les opérations de la Meunerie & de la Boulangerie, & sur la taxe du pain.

SUIVI D'UN CATÉCHISME

A L'USAGE DES HABITANTS

DE LA CAMPAGNE,

Sur les dangers auxquels leur santé & leur vie sont exposées, & sur les moyens de les prévenir & d'y remédier.

Par L. COTTE, Observateur Météorologiste.

A PARIS,

Chez les Freres BARBOU, rue des Mathurins.

An III de la République Franç. Une & Indivisible.

PRÉFACE.

L'Enfance & la jeunesse doivent fixer l'attention d'un Gouvernement tel qu'il soit ; le gouvernement Républicain étant fondé sur la vertu & les mœurs, & supposant nécessairement de l'instruction, puisque tous sont appellés à contribuer au bien de la Patrie de leurs lumières & de leurs exemples : c'est donc un devoir pour tous ceux qui se sentent quelques talents pour l'instruction, d'acquitter leur dette envers la République, soit en instruisant de vive voix, soit en publiant des ouvrages élémentaires à la portée des Enfants, & dans lesquels on se propose le double but de former leur cœur & leur esprit.

Elevé & nourri dans le sein d'une Congrégation respectable par l'objet de ses travaux relatifs à l'éducation de la jeunesse, j'y ai puisé le

goût de l'inſtruction ; & ſi des occu-
pations d'un autre genre m'ont éloigné des emplois conſacrés à l'inſtruction orale, j'ai tâché au moins de
remplir l'objet de l'établiſſement de
cette Congrégation, en publiant
quelques ouvrages élémentaires qui
pouvoient contribuer à l'inſtruction
de l'enfance & de la jeuneſſe. Tels
ſont les *Leçons élémentaires d'Hiſtoi-
re naturelle*, les unes *à l'uſage des
Enfants*, les autres *à l'uſage des jeunes gens* ; de pareilles Leçons *ſur la
Phyſique*, *l'Aſtronomie* & *la Météorologie* ; d'autres enfin *ſur l'Agriculture.*

Les nouvelles Leçons que je pu-
blie aujourdhui, peuvent être regar-
dées comme une ſuite de ces der-
nieres ; elles ont pour objet d'ap-
prendre *à connoître les caractères qui
diſtinguent les bons grains d'avec les
médiocres & les mauvais ; les moyens
de conſerver les grains, les différentes*

efpeces de moutures ; les bonnes & les mauvaifes qualités de la farine, la maniere d'y remédier en partie & de la conferver ; les différentes opérations de la boulangerie, relatives au levain, au pétriffage, à la cuiffon & à la taxe du pain.

Comme cet ouvrage n'a pour but que d'éclairer les bonnes Ménage-res, je n'ai point traité ces différens objets auffi en grand que je l'aurois fait, fi j'euffe voulu écrire pour l'inf-truction des Meûniers & des Bou-langers. On pourra confulter pour les détails l'*art du Meûnier* par *Ma-louin & Béguillet*, & celui *du Bou-langer* par le *C. Parmentier.* A l'égard des précautions néceffaires pour conferver les grains, le Public eft depuis long-tems en poffeffion d'un excellent ouvrage fur cette matière publié par *Duhamel du Monceau*, dont tous les ouvrages font marqués au coin de l'utilité publique. Le Cit.

Bucquet, a publié aussi en 1743 un bon ouvrage sur la conservation des grains & des farines.

Je me suis donc borné dans les Leçons que je donne aujourd'hui aux pratiques les plus usuelles, & les plus à la portée des Ménageres de la campagne. C'est à l'instruction des Républicaines que je les consacre principalement.

J'ai pris pour bases de mes Leçons trois petits ouvrages qui ont paru en différens tems sous forme de brochures, sujettes par conséquent à s'égarer & à être oubliées ; elles ne le méritent certainement point, vû l'importance des matieres qu'on y traite & la maniere dont elles sont traitées. La premiere est intitulée : *Avis aux bonnes Ménageres des Villes & des Campagnes sur la meilleure maniere de faire leur pain, par le C. Parmentier ; Paris, Impr. Roy. 1777, 106 pag. in-8°.* La seconde a pour

titre : *Rapport fait à l'Acad. des Sc.
relativement à l'avis que le Parlement
a demandé à cette Académie sur la con-
testation qui s'est élevée à Rochefort
au sujet de la taxe du pain, par les Cit.
Le Roy, Tillet & Desmarets ; Paris,
Impr. Roy. 1785, 106 pag. in-4°.
avec trois tableaux.* Cet ouvrage dont
le savant & modeste *Tillet* est le Ré-
dacteur, est inséré dans le vol. des
Mémoires de l'Académie pour 1785 :
on en a tiré un certain nombre d'e-
xemplaires qui n'ont point été mis en
vente. Le même Savant avoit publié
en 1781, une autre brochure qui a
pour titre : *Expériences & observations
sur le poids du pain au sortir du four,
& sur le réglement par lequel les Boulangers sont assujettis à donner au pain
qu'ils exposent en vente, un poids fixe
& déterminé ; lû au comité de Boulangerie, le 5 Novembre 1781, par le
Cit. Tillet, de l'Acad. des Sc. Paris,
1781, 46 pag. in-8°. & 10 pag. de*

tableaux. J'ai encore profité d'une *Or-*
donnance de Police générale & tarifs
concernant la Boulangerie & la taxe
du pain pour la ville de Chartres,
Chartres 1785, 61 pag. in-4°. & d'un
article de la *feuille du Cultivateur*, du
22 Vendémiaire, an 3 de la Républ.
n°. 59. *fur les blés germés.* Article qui
fe trouve auffi dans un Journal d'*A-*
griculture, Commerce, Finances & Arts,
Janvier 1782. pag. 22.

Je n'ai pas feulement travaillé fur
les matériaux contenus dans ces différens ouvrages ; j'ai encore profité
de ce que l'expérience m'a appris à
moi-même. J'ai été chargé en 1787,
par la Municipalité de ma Patrie
(Laon), de fuivre avec plufieurs de
mes concitoyens les différentes opérations de la Meûnerie & de la Boulangerie pour obtenir des bafes propres à établir un tarif pour la taxe du
pain. Nous avons répété trois fois les
mêmes opérations. Nous avons com-

muniqué notre travail au *Cit. Tillet*, & de concert avec lui, nous avons donné un projet de tarif qui a été adopté.

Je n'ai donc d'autre mérite en publiant ces Leçons, que celui d'avoir rédigé & mis à la portée de la jeunesse, les connoissances répandues dans les différens ouvrages que je viens de citer, & après en avoir constaté l'exactitude par ma propre expérience : heureux si elles remplissent le but que je me suis proposé dans tout ce que j'ai donné jusqu'ici au Public.

Je joins à ces Leçons *un Catéchisme à l'usage des habitants de la Campagne, sur les dangers auxquels leur santé & leur vie sont exposées, & sur les moyens de les prévenir & d'y remédier.* Ce qui m'a engagé à publier ce Catéchisme que j'ai dédié *aux Citoyens de Montmorenci*, c'est un accident arrivé à quelque distance de cette Commune, le 16 Mai 1791, où deux jeunes filles réfugiées sous un arbre, furent frappées de la foudre & privées de la vie. Je parle donc du danger de se réfugier, dans les tems d'orage, sous des arbres, ou près des meules de foin & de blé : des accidents fréquents qui résultent soit de la vapeur mortelle du charbon embrasé, soit des cuves en fermentation, soit de la morsure des vipères, &c. &c.

Le célèbre *Duhamel* a publié des Ouvrages très estimés sur les bois : l'un intitulé *Physique des arbres*, l'autre *des semis & des plantations*. Ces deux Ouvrages contiennent d'excellents principes sur la végétation, sur la manière de semer les bois, de les planter & de les cultiver, sur l'accroissement des arbres, sur leurs maladies, & sur la manière d'exploiter les forêts : Je me propose d'extraire de ces Ouvrages tous les principes relatifs à la théorie, & les règles de pratique qui en sont les conséquences, & de les rédiger sous la forme de Leçons élémentaires, pour servir de suite à toutes celles que j'ai donné jusqu'ici au Public.

Mont-Émile (Montmorenci,) $\begin{cases} \text{6 Frimaire, 3 de la Rép.} \\ \text{16 Nov. 1794. ftyl. vulg.} \end{cases}$

LEÇONS
ÉLÉMENTAIRES

Sur le choix & la conservation des grains,
sur les opérations de la Meunerie & de
la Boulangerie, & sur la taxe du pain.

LEÇON PRÉLIMINAIRE

Sur l'utilité de l'art du Meûnier & du Boulanger,
& en général des Arts méchaniques.

DEMANDE. QUEL est l'art le plus utile,
& par conséquent le plus respectable ?
RÉPONSE. C'est l'art de l'Agriculture.

D. Pourquoi l'Agriculture est-elle l'art
le plus utile ?

R. Parce que l'Agriculture fournit aux
arts de premiere nécessité les matieres premieres, & qu'elle nous procure les denrées
sans lesquelles nous ne pourrions pas vivre.

D. Quelles sont les denrées de premiere

A 6

néceſſité , & les matières premieres que l'Agriculture fournit aux arts ?

R. L'Agriculture nous donne le bled, le vin , les légumes, les fruits ; elle fournit les manufactures de chanvre, de lin, de foins, de bois, &c. elle fait des éléves de beſtiaux propres au labourage & à notre nourriture, aux charrois. En un mot ſans l'Agriculture, la plupart des arts utiles n'exiſteroient pas.

D. L'Agriculture eſt donc le ſeul art digne de notre reſpect ?

R. Nous devons eſtimer & reſpecter en général tous les ouvriers & les artiſtes qui conſacrent leurs veilles à l'utilité publique.

D. Quels ſont donc les arts qui après l'Agriculture méritent le plus notre reconnoiſſance ?

R. Ce ſont ceux qui ont un rapport plus direct à la nourriture , au vétement, au logement, & ſur-tout à celui qui contribue à propager l'inſtruction , comme le fait l'art de l'imprimeur.

D. Quels ſont les arts qui ont un rapport plus direct à la nourriture ?

R. Ce ſont les arts du Meûnier & du Boulanger.

D. En quoi conſiſte l'art du Meûnier ?

R. L'art du Meûnier consiste à réduire les grains en farine, à l'aide de machines connues sous le nom de *moulin*, que font mouvoir ou l'eau, ou le vent, ou les animaux, ou les hommes, & qui demandent de l'intelligence pour être bien dirigés.

D. En quoi consiste l'art du Boulanger?

R. L'art du Boulanger consiste à convertir la farine en pain, par le moyen de certains procédés que nous ferons connoître dans la suite de ces Leçons.

D. Quels sont les arts qui concernent la fabrique de nos vêtemens?

R. Ce sont les arts du Tisserand qui fabrique la toile avec le fil, les draps de différentes especes avec la laine; ceux de la Couturiere & du Tailleur, qui donnent à la toile & aux draps, les formes variées qu'exigent nos besoins, &c.

D. Quels sont les arts qui concourent à nous procurer des logemens?

R. Ce sont ceux du Tailleur de pierre, du Maçon, du Charpentier, du Serrurier, du Ménuisier, du Vitrier, &c.

D. Notre respect ne doit donc pas se borner aux seuls Agriculteurs?

R. Non, puisque les matieres premieres que nous fournit l'agriculture, nous seroient abfolument inutiles , fi ces autres arts dont nous avons parlé , ne faifoient pas un emploi convenable de ces matières , & s'ils ne fourniffoient pas à l'Agriculteur les moyens d'exercer fon art.

D. Quels font ces moyens que les autres arts fourniffent à l'Agriculteur ?

R. Le Charron fournit à l'agriculteur, la charrue & les autres uftenfiles en bois de labourage ; le Taillandier lui donne les outils en fer ; le Bourrelier fabrique les harnois des chevaux, le Maréchal les ferre & les foigne dans leurs maladies ; le Charpentier conftruit les moulins ; le Mécanicien invente des machines & des métiers pour fimplifier la fabrication des draps, &c.

D. Que concluez-vous de cette dépendance mutuelle de tous les arts utiles ?

R. J'en concluds qu'ils exigent tous des égards de notre part ; & que fi nous avons tous befoin les uns des autres, nous devons nous aimer & nous traiter comme freres.

D. Quelle eft l'efpece de gouvernement qui tend davantage à infpirer cette union & cette fraternité ?

R. C'eft fans contredit le gouvernement Républicain dans lequel on n'accorde d'eftime qu'à ceux qui contribuent davantage à l'utilité publique ; & où l'égalité qui en fait la bafe, exclud toutes les préférences & tous les priviléges que l'on prodigue à la naiffance & aux richeffes dans les autres gouvernemens.

D. Qu'entendez-vous par l'égalité qui doit regner dans une République ?

R. J'entens que tous ont un droit égal à la protection des Loix.

D. Cette égalité eft-elle contraire à la déférence que l'on accorde à la vertu & au mérite ?

R. Non, cette déférence ne rompt point l'égalité ; elle fert à rendre la vertu & le mérite recommandables, & à infpirer de l'émulation, pour être digne de partager ces égards & ces déférences.

PREMIERE LEÇON.

Sur les différentes efpeces de grains, & fur leur choix.

D. Q UELLES font les différentes efpeces de grains que l'on emploie ordinairement pour faire du pain ?

R. Les grains qui fervent ordinairement

à faire du pain , font le bled-froment ou bled d'hyver, le bled de Mars , le feigle, les différentes efpeces d'orge , l'avoine , le bled farrafin , le bled de miracle ou de providence ou de Smirne, le bled de Turquie ou Maïs, &c.

D. Ne peut-on pas faire du pain avec d'autres végétaux ?

R. Oui, on peut faire du pain avec tous les grains qui peuvent fe convertir en farine , & avec les racines qui fourniffent de l'amidon par le lavage.

D. Quelles font les racines que l'on emploie de préférence pour faire du pain ?

R. Ces racines font, la pomme de terre, (Nous en parlerons) le pied de veau, le colchique , la brione , le manioc, &c.

D. Ne peut-on pas faire du pain avec la chataigne ?

R. Non , on fait une efpece de bouillie qui fuppléc au pain , dans les pays où elle eft abondante.

D. Quelles font les marques auxquelles on reconnoît la bonne qualité des grains ?

Ri Il y a des marques particulières pour chaque efpece de grain.

D. A quelles marques reconnoît-on les qualités bonnes ou mauvaifes des bleds-froment ?

R. On distingue cinq especes de bled-froment relativement à ses qualités, savoir le meilleur bled, le bled inférieur, le bled médiocre, le bled altéré & le bled germé.

D. A quoi reconnoît-on le meilleur bled?

R. Le meilleur bled est sec, dur, pesant, ramassé, bien nourri, plus rond qu'ovale, ayant la reinure plus profonde, lisse & clair à sa surface, d'un blanc jaunâtre dans son intérieur ; il sonne lorsqu'on le fait sauter dans la main, & il cede aisément à l'introduction du bras dans le sac.

D. Quelles sont les marques du bled inférieur.

R. Le bled inférieur est maigre, allongé, d'un jaune foncé, léger, ayant l'écorce plus épaisse & ferme, se cassant plus aisément sous la dent, & offrant dans son intérieur une matière moins serrée & moins blanche.

D. Comment peut-on reconnoître le bled médiocre ?

R. Les bleds médiocres sont plus chétifs, plus légers, & presque toujours mélangés de seigle, d'orge, de nielle, d'ivroie, de rougeole, de pois gris, sans cependant que ce mélange nuise à leur falubrité, lorfqu'il n'eft pas trep confidérable.

D. Comment peut-on s'affurer que les bleds font-altérés?

R. Les bleds altérés fe reconnoiffent à leur odeur, à leur goût; il fuffit de les porter fous le nez & de les mâcher, pour s'en affurer; leur furface eft prefque toujours hauté en couleur, & la matière farineufe qu'ils contiennent eft d'un blanc terne. Les bleds médiocres & altérés ne font pont de garde.

D. Qu'entendez-vous par bled germé?

R. On appelle bled germé, celui dont une portion a commencé à développer fon germe, ce qui arrive lorfqu'il eft récolté par la pluie, & qu'il eft trop long-tems fur terre, ou bien lorfqu'il a été verfé.

D. Quel tort cette germination prématurée fait-elle au bled?

R. Le grain de bled germé perd une portion de fes principes nutritifs; fi la totalité étoit germée, il feroit difficile d'en faire du bon pain, il ne peut fervir qu'aux Amidonniers pour en faire de la poudre : il fe conferve difficilement, parce qu'il fermente & s'échauffe aifément : les infectes le choififfent de préférence pour y déposer leur œufs, il acquiert un goût si détestable, qu'il est impossible de manger le pain qui en provient, les animaux même le rebutent.

D. Quelles sont les qualités du bon seigle?

R. Le seigle de bonne qualité doit être clair, peu allongé, gros, sec & pesant; il se conserve mieux que le bled : il faut qu'il soit bien sec avant de le porter au moulin.

D. Quelles qualités doit avoir le bon orge?

R. Le meilleur orge est dur, sec pesant, se cassant difficilement sous la dent, la farine dans son intérieur est blanche & serrée.

D. Qu'entendez-vous par le blé méteil?

R. Le bled-méteil est le mélange du froment avec le seigle dans différentes proportions; ainsi on distingue méteil, gros méteil, petit méteil, bled ramé; ce dernier ne contient qu'un huitième de seigle; le méteil dans les campagnes est composé de moitié froment & moitié seigle; les plus aisés ne mettent qu'un tiers de seigle sur deux tiers de froment.

D. Les bleds médiocres étant moins

chers que le bon bled , y a-t-il de l'économie à préférer les bleds médiocres ?

R. C'est une économie mal entendue
de préférer les bleds médiocres ; car les
produits en farine & en pain du bon bled,
dédommagent bien de l'excédent du prix
qu'on l'a acheté ; en général *bon marché
n'eft jamais net* , & il y a toujours du
profit à acheter ce qu'il y a de meilleur,
quoique plus cher.

SECONDE LEÇON.

*Sur la confervation des grains , & les pré-
cautions à prendre avant de les porter
au moulin.*

D. LA confervation du bled exige-t-elle
des foins particuliers ?

R. Oui , le bled pour fe conferver
exige des foins , felon que l'année a été
ou chaude & féche , ou froide & humide ; & felon qu'il a été récolté par un tems
fec ou humide.

D. Quel foin exige le bled qui a été
récolté dans une année chaude & féche ?

R. Le bled récolté dans cette circonf-
tance , fe conferve de lui-même , & n'e-

xige presque pas de soin, pourvû qu'il soit placé dans un endroit sec & aéré, comme nous le dirons bientôt.

D. Pourquoi le bled récolté dans une année froide & humide, exige t il des soins?

R, Le bled récolté dans une année humide exige des soins, parce que l'eau dont il a été nourri, concourt bientôt à son dépérissement : ces soins font sur-tout nécessaires au Printems qui suit la moisson, parce qu'aux premieres chaleurs, le bled jette son feu ; c'est aussi l'époque où les charansons & les autres insectes cherchent un abri pour déposer leurs œufs.

D. Quels sont les soins qu'exigent alors le bled?

R. Il faut serrer le bled dans l'endroit de la maison le plus frais, le plus sec, le plus éclairé, le plus propre, le plus éloigné des foyers, des latrines, des leviers. Les fenêtres doivent être fermées avec des chassis de toiles pour laisser une libre circulation à l'air ; il faut en écarter les souris, les rats, les chats dont les excrémens empoisonnent le bled. On ne doit point amonceler le bled en tas trop épais; on aura soin de remuer de tems en tems le bled à la pelle pour en renouveller l'air, & de le cribler.

D. Que faudroit-il faire, si on manquoit d'un emplacement pour mettre le bled
en tas ?

R. Il faut, après avoir laissé le bled
quelque tems exposé à l'air, & l'avoir criblé, le renfermer dans des sacs de toile
lâche & claire qui permettent à l'humidité de s'évaporer, isoler les sacs par le
moyen de quelques barres de bois élevées
horisontalement un peu au-dessus du plancher ; ouvrir les sacs quand il fait chaud,
& y enfoncer de tems en tems le manche
de la pelle pour procurer du froid & fa-
voriser l'évaporation.

D. Comment peut-on conserver le bled
qui a été récolté humide, & dans lequel
il se trouve des insectes ?

R. On commencera par mettre le bled
dans une grande tonne au fond de laquelle
il y aura à trois pouces de distance du plancher un chassis couvert de toile, on y
adaptera un soufflet à long tuyau pour introduire une colonne d'air à travers toute
la masse du grain ; l'action du soufflet le
dépouillera de son humidité & de sa mau-
vaise odeur, & obligera les insectes qui
redoutent le froid, à déloger.

D. Le bled germé exige-t-il des soins
particuliers ?

R. Oui, le bled germé doit être battu
fur le champ, on le fera fécher fur un
four ou dans le four même, après qu'on
en a retiré le pain ; à mefure qu'il féchera
on le remuera de dix en dix minutes avec
des pelles pour faciliter l'évaporation de
l'eau, & on le retirera du four avant qu'il
foit parfaitement fec.

D. Que faut-il faire pour conferver le
bled germé ainfi féché & étuvé ?

R. Le bled étant ainfi féché, on le cri-
blera, & on ne le mettra en facs ou en
tas que lorfqu'il fera bien refroidi.

D. Ne peut-on pas faire ectte opération en grand ?

R. Oui, mais il faudroit pour cela conf-
truire une étuve dans le goût de celle dont
le Cit. *Duhamel* a donné la defcription. Cet
établiffement feroit d'une grande reffource,
il devroit y avoir une pareille étuve dans
chaque Commune ou au moins dans chaque canton, comme on y a des moulins
& des preffoirs.

D. N'y a-t-il pas d'inconvéniens à convertir le bled en farine & en pain auffi-tôt
après la récolte ?

R. Le bled nouveau & celui qui a été
récolté dans une année humide, occafionne

des défordres dans l'économie animale : il faut donc ne l'employer, autant qu'il eft poffible, qu'après l'hyver, afin qu'il ait le tems de refluer & de jetter fon feu ; s'il a été récolté bien fec, on peut l'employer aufli-tôt la récolte.

D. Si cependant on étoit obligé d'employer le bled humide aufli-tôt la récolte, quelles précautions faudroit-il prendre avant de le porter au moulin ?

R. Il faut, avant de le faire moudre, l'expofer à la chaleur du foleil ou du four, pour le dépouiller de fon eau de végétation. Cette précaution eft fur-tout nécelfaire à l'égard du feigle.

D. Le bled acquiert il de la qualité en vielliffant ?

R. Non, le bled perd au contraire de fa faveur en veilliffant ; il ne la conferve gueres que pendant un an. On cite cependant deux anecdotes relatives à des magafins de bleds confervés dans des foffes où il avoit été dépofé & fur lequel il s'étoit formé une croute, des débris de la couche extérieure de bled qui avoit germé & qui s'étoit décompofé ; le pain fait, dit-on, avec ce bled, fut trouvé très-bon.

TROISIÈME

TROISIÈME LEÇON.

*Sur la conversion du Bled en farine,
ou sur la mouture des grains.*

D. DANS quel état le bled doit-il être,
pour que la mouture en soit bien faite ?

R. Le bled doit être bien dépouillé de
son humidité, alors il se moud plus aisément, l'écorce se détache avec facilité,
il produit moins de son, la farine est plus
abondante, plus belle, elle se conserve
mieux, elle boit davantage d'eau au pétrissage, elle donne une plus grande quantité de pain & de meilleure qualité.

D. Qu'arriveroit-il si le bled étoit trop
sec ?

R. Quand le bled est trop sec, il s'é-
crase avec trop de facilité ; l'écorce ré-
duite en poudre fine passe à travers les
bluteaux fins, altère la blancheur de la farine, & la qualité du pain.

D. Comment peut-on corriger cette trop
grande sécheresse du bled ?

R. En lui restituant un peu d'humidité
& pour cela, on l'étend sur le plancher
on verse dessus environ dix pintes d'eau

B

par feptier pefant 240 livres ; on fe fert d'un arrofoir de jardinier : on laiffe le bled en tas toute une nuit , & on le porte au moulin 24 heures après : fi on tardoit plus long-tems , le bled pourroit fermenter & s'altérer.

D. Les foupçons conrre la fidélité du Meunier font-ils fondés ?

R. Il fe trouve dans la claffe des Meûniers , des perfonnes trop intéreffées comme dans tous les autres états ; mais parce que les Meûniers peuvent plus aifément tromper & fur la quantité & fur la qualité des farines qu'ils rendent , la difficulté de pouvoir les convaincre d'infidélité , fait qu'on les foupçonne davantage.

D. N'y auroit-il pas des moyens de les mettre à l'abri de ces foupçons ?

R. Le premier moyen feroit d'établir le commerce de la farine à la place de celui du grain ; le Meûnier feroit intéreffé à tirer de la mouture du grain toute la farine qu'il peut contenir , & à ne livrer que de bonne farine pour foutenir fon crédit. Le fecond moyen feroit de faire pefer fon bled , de le voir verfer dans la trémie , de pefer également la farine qui en provient , & d'obliger le Meûnier de rendre poids pour poids au déchet près, qui va tout au plus à cinq livres par septier de bled pesant 240 liv. on payeroit la mouture en argent.

D. Quelles sont les différentes méthodes que suivent les Meûniers dans la mouture du bled.

R. Les Meûniers emploient deux especes de moutures, l'une qu'an appelle *mouture à la grosse*, & l'autre qu'on appelle *mouture économique.*

D. Qu'entendez-vous par la mouture à la grosse?

R. La mouture à la grosse consiste à broyer simplement & une fois les grains, & à faire passer dans des sacs la farine confondue avec les gruaux & le son : on la blute ensuite dans un endroit indépendant du moulin, on la partage en différents produits, sans qu'aucuns d'eux passe de nouveau sous les meules.

D. Qu'entendez-vous par la mouture économique.

R. J'entens par la mouture économique celle qui consiste à faire passer plusieurs fois sous les meules les différents produits en farine & en gruaux, de maniere qu'il ne reste à la fin de l'opération que le gros

ſon abſolument ſec & dénué de matiere
farineuſe.

D. Quelle eſt de ces deux eſpeces de
moutures, celle qu'on doit préférer?

R. On doit préférer celle qui produit
une plus grande quantité de farine, & c'eſt
ſans contredit la mouture économique.

D. Quel eſt le produit en farines & en
iſſues d'un ſeptier de bled moulu d'après
les principes de la mouture économique?

R. Un ſeptier de froment de qualité
médiocre peſant 229 liv. donne.

	liv.	onces
en fleur de farine.	75	$10\frac{1}{4}$
en 1re far. de gruau.	46	$10\frac{1}{4}$
en 2e farine	25	$2\frac{1}{4}$
en 3e farine	10	$10\frac{1}{4}$
en 4e farine	10	12
c'eſt-à-dire	168	13

de toutes farines.

Le même ſeptier donne en iſſues

Remoulage du gruau	7	$5\frac{1}{8}$
Remoulage *bis.*	17	12
Recoupes.	10	$14\frac{1}{4}$
Gros ſon.	17	$10\frac{1}{4}$
Total.	53	$9\frac{5}{8}$

le déchet eſt de 6 liv. 10 onces, & lorſque le bled eſt de bonne qualité, le déchet
n'eſt que de 5 liv. 4 onces.

D. Quel eſt le produit d'un pareil ſeptier par la mouture à la groſſe?

R. Le ſeptier de bled peſant 229 liv.
moulu à la groſſe, c'eſt-à-dire, ne paſſant
qu'une fois ſous les meules, rend

en farine de 1ʳᵉ qualité. 114 liv. 1¼ onces
en farine biſe-blanche . . 27
en farine biſe 25

$$\text{Total. } 166 \; ; \; 1\tfrac{1}{4}$$

Le produit des iſſues eſt
pour le gros ſon. 20 1¼
pour les recoupes 20 7
pour les recoupettes . . . 18 14¼

$$\text{Total. } 59 \; 6\tfrac{1}{8}$$

le déchet eſt de 3 liv. 11⅓ onces, & il
ne va qu'à 2 liv. 12 onces lorſque le bled
eſt de la premiere qualité.

D. Pourquoi la mouture à la groſſe
donne-t-elle moins de déchet que la mouture économique?

R. Parce que dans la mouture à la groſſe,
la farine ne paſſe qu'une fois ſous la meu-
le, il s'y fait donc une moindre diſſipation
que dans la mouture économique où les
grains & les iſſues y repaſſent ſept à huit
fois.

D. Quelles sont maintenant les raisons de préférence pour la mouture économique sur la mouture à la grosse ?

R. 1°. La mouture économique rend plus de farine & moins d'issues ; 2°. Les farines de gruau dont on est privé dans la mouture à la grosse, sont celles qui ont plus de qualité & qui donnent du goût au pain ; 3°. Deux septiers de bled produisaut 536 livres de pain suffisent pour la nourriture de l'homme le plus fort dans son année, lorsqu'ils ont été moulu par la méthode économique, & il faudroit trois septiers moulu à la grosse pour fournir à la nourriture du même homme.

D. D'où vient donc cette différence ?

R. Elle vient de ce que la mouture économique fournit plus de farine & qu'elle est de meilleure qualité.

D. Quels sont les autres inconvénients de la mouture à la grosse ?

R. Le priucipal inconvénient est de confondre les farines de gruau avec les issues ; & le son réduit en poussiere fine se mêle avec la farine dans les bluteaux.

D. Ne pourroit-on pas en rapprochant davantage les meules, obtenir la farine du gruau ?

R. On ne pourroit en obtenir qu'une petite quantité par ce procédé ; d'ailleurs le fon qui fe réduiroit alors en une poudre inpalpable, fe mêleroit avec cette farine & en altéreroit la qualité. La mouture à la groffe exige une blutterie domeftique, ce qui augmente les frais : dans la mouture économique, le moulin fait toutes les opérations de la mouture & de la blutterie ; elle donne quatre efpeces bien diftinctes de farines, dont le mélange fagement ménagé par le Boulanger, contribue à la bonté du pain & à l'utilité publique.

Nota. Dans la mouture économique, le menu fon & les déchets forment le quart de la quantité de bled employé, les trois autres quarts font compofés de cinq produits différens en farines, le déchet va à un quatorzième.

Sur 560 livres de froment, on obtient 420 livres de farine, dont

de 1re qualité.	320 liv.
de 2de qualité.	54
de 3me qualité.	26
de farine-bife.	20
d'iffues.	126
déchet	14
Total.	560

B 4

QUATRIÈME LEÇON.

*Du Bluteau, des différentes especes de farine
de froment, des moyens de la conserver
& d'en connoître la qualité.*

D. QUEL moyen emploie-t-on pour séparer les différents produits qui se trouvent confondus dans la farine par la mouture à la grosse ?

R. On se sert ou de tamis plus ou moins fins que l'on agite avec la main, ou de bluteau.

D. Qu'est-ce qu'un bluteau ?

R. Le bluteau est un coffre allongé ouvert sur un des côtés, lequel est recouvert avec soin par une toile ; ce coffre est partagé dans sa longueur en deux parties, dont la premiere a trois fois plus d'étendue que la derniere, comme devant recevoir le produit le plus abondant.

D. Combien y a-t-il de sortes de bluteaux ?

R. On distingue deux sortes de bluteaux, savoir le *bluteau à blanc*, & le *bluteau à sons gras.* ——

D. Comment est composé le bluteau à blanc ?

R. Le bluteau à blanc est composé de huit laizes de soie, dont les six premieres plus fines que les deux autres, se trouvent au-dessus de la case la plus longue, & y laissent tomber la fleur de farine, tandis que les deux autres laizes placées au-dessus de la case la plus courte donnent passage à la farine moins légere nommée bis-blanc. Les sons gras ainsi nommés parce qu'ils sont chargés de gruaux, sortent par la grande ouverture du bluteau, & sont reversés dans le bluteau à sons gras.

D. Quelle est la construction du bluteau à son gras ?

R. Le bluteau à son gras est aussi composé de huit laizes, dont les quatre premieres sont de soie, mais plus claire que celles du bluteau à blanc ; les deux laizes suivantes sont formées de quintin, espece de toile de fil gommé moins serré que le tissu des quatre premieres laizes, & propres à laisser échapper les gruaux gris : le gros son sort par la grande ouverture de ce bluteau.

D. Quels sont les produits que l'on obtient par l'opération du bluteau ?

R. L'opération du bluteau donne : 1°, la fleur de farine : 2°. la farine de seconde qualité ou le bis-blanc, le blanc bourgeois; 3°. la farine bife; 4°. enfin les iffues qui confiftent en gros fon, récoupes & récoupettes.

D. Quels font les bleds qui rendent le plus de farine?

R. Les bleds qui ont une plus grande pefanteur fpécifique, font ceux qui rendent le plus en farine: ainfi un feptier de bled qui pefoit 12 liv. $11\frac{1}{3}$ once de plus qu'un pareil feptier de bled, a donné 12 liv. $5\frac{2}{3}$ onces de plus en farine.

D. Eft-il néceffaire de blutter la farine auffi-tôt qu'elle eft moulue?

R. Oui, parce qu'elle s'échauffe plus promptement lorfque le fon y eft mêlé que lorfqu'il en eft féparé; il ne faut pas attendre plus de huit jours en été & plus de quinze jours en hyver, & choifir pour cela un tems fec.

D. Quel foin exige la farine pour la conferver?

R. Il ne faut pas étendre la farine comme le bled, on la mettra dans des facs ou dans des tonneaux garnis d'un couvercle; les facs doivent être ifolés du plancher; on les ouvrira ainfi que les tonneaux quand il fera chaud, & on y in-

troduira le manche d'une pelle pour la rafraîchir & faire évaporer l'humidité.

D. A quel signe reconnoît-on la meilleure farine ?

R. La meilleure farine est d'un jaune citron, séche, grenue, pesante ; elle s'attache aux doigts, & pressée dans la main, elle reste en une espéce de pelotte ; lorsqu'on en fait une boulette avec de l'eau, si la pâte qui en résulte après l'avoir bien maniée, s'affermit promptement à l'air, prend du corps & s'allonge sans se séparer, c'est un signe de la bonne qualité de la farine & du bled qui l'a fourni.

D. Quels font les caractères de la farine de moyenne qualité ?

R. La farine de moyenne qualité a un œil moins vif que celle dont nous venons de parler, elle fait une pâte qui mollit & tient aux mains, elle est courte, & se rompt aisément lorsqu'on veut l'étendre.

D. Comment connoît-on que la farine est altérée ?

R. Les farines altérées s'annoncent assez par leur odeur qui est ordinairement aigre & infecte.

D. En quoi consiste proprement la qualité de la farine ?

R. La qualité de la farine confiste dans une matiere collante & glutineufe qui doit s'y trouver dans la proportion de quatre ou cinq onces fur une livre de farine ; les bleds niellés ou humides, ou mal moulu n'en contiennent pas beaucoup.

D. N'y a-t-il pas des moyens de découvrir les matières étrangères mêlées avec la farine ?

R. Oui, voici un moyen : on délaye une portion de cette farine à grande eau ; fi on y a mêlé ou de la craie ou du plâtre, ces matières étrangères tomberont au fond, & fe préfenteront telles qu'elles font.

D. Quels font les caractères de la farine de bled germé ?

R. La farine de bled germé eft humide & molle, elle prend peu d'eau au pétriffage, & donne moins de pain ; elle ne fe conferve pas, fur-tout pendant les chaleurs : un orage, un coup de tonnerre peuvent la gâter.

D. Quels font les moyens de rendre cette farine meilleure ?

R. On l'étendra fur une toile, & on la remuera de tems en tems, jufqu'à ce qu'elle foit féche, elle perdra alors de fon poids, mais elle abforbera plus d'eau au

pétrissage, de maniere que la perte ne
sera qu'apparente.

CINQUIÈME LEÇON.

*Sur les caractères des farines des différentes
especes de grains ; sur l'usage de la farine
en bouillie, & sur le son.*

D LES produits du seigle sont-ils sem-
blable en quantité à ceux du froment ?

R. Non, le seigle produit moins de farine & plus de son que le froment, on ne
le soumet point à la mouture économique.

D. Quel est le caractère de la farine de
seigle ?

R. La farine de seigle est d'un beau
blanc, douce au toucher, elle exhale une
odeur de violette, la pâte qui en résulte
est courte, grasse, elle s'attache aux doigts
mouillés, elle ne se durcit pas promptement à l'air.

D Quelles sont les qualités de la farine
de méteil ?

R. La farine de méteil est moins jaunâtre que celle de froment, elle a aussi
une odeur de violette que lui donne le
seigle qui y est mêlé, la pâte en est grasse.

On doit mêler la farine de seigle avec celle de froment vingt-quatre heures avant la cuisson.

D. Quels sont les caractères de la farine d'orge ?

R. La farine d'orge est séche & dure au toucher, elle a un œil rougeâtre, sa pâte a la même odeur que celle de froment, mais elle n'en a ni la longueur ni la ténacité, elle est encore plus courte que celle de seigle.

D. A quelle marque reconnoît-on la farine de bled de turquie ou de maïs ?

R. La farine de bled de turquie est rude au toucher, jaunâtre & très savoureuse.

D. Qu'est-ce qui distingue la farine de sarrasin des autres farines ?

R. La farine du bled sarrasin est d'un blanc-gris, sa pâte s'allonge plus que celle de l'orge, mais moins que celle de seigle & de froment, le sarrasin donne peu de farine & beaucoup de son.

D. Ne peut-on pas employer la farine à d'autres usages qu'à faire du pain ?

R. On emploie la farine à faire de la pâtisserie, de la bouillie, de la colle & à d'autres usages dans la cuisine. Les Pâtissiers préfèrent les farines de gruaux de

froment ; leur pâte est le plus souvent sans
levain, ils la font ou ferme ou feuilletée,
selon les différentes especes de pâtisserie
qu'ils préparent.

D. Quelles sont les especes de farines
qui conviennent le mieux pour la bouillie
des enfants ?

R. En général la farine qui donne le
pain le plus léger, fournit la bouillie la
plus pesante.

D. Pourquoi la meilleure farine pour le
pain, n'est-elle pas la meilleure pour la
bouillie des enfants ?

R. Nous avons dit que la farine dont
la pâte est la plus visqueuse ou glutineu-
se, fournissoit le meilleur pain ; or cette
qualité de la farine rend la bouillie collante & par conséquent indigeste.

D. Expliquez-moi pourquoi cette viscosité de la farine est avantageuse dans le
pain & nuisible dans la bouillie ?

R. La pâte du pain fermente à l'aide du
levain qu'on y a mis, la fermentation dé-
truit dans la pâte cette viscosité qai fait le
caractère de la bonne farine ; celle que
l'on emploie pour la bouillie n'éprouve
pas cette fermentation, conserve toute sa
viscosité, & ne peut former qu'une bouillie collante & indigeste.

D. Quelles sont donc les especes de farines qu'on doit préférer pour faire de la bouillie ?

R. On doit préférer les farines qui contiennent moins de parties glutineuses & visqueuses, comme celles de farrafin, de bled de turquie.

D. Si on n'a que de la farine de froment pour faire de la bouillie, qu'elle préparation doit-on lui donner pour corriger cette viscosité ?

R. La bouillie fera moins pesante & moins indigeste, fi on a foin de la tenir long-tems fur le feu ; on aura foin auffi de la faire claire & de la laisser fur le feu, jufqu'à ce qu'elle n'exhale plus l'odeur de farine, on y ajoutera du fel ; on feroit bien encore de mettre la farine dans le four après que le pain en eft tiré.

D. Ne peut-on faire de la bouillie qu'avec de la farine ?

R. On en peut faire auffi avec de la fécule de pomme de terre ou d'autres fécules, la bouillie la plus faine, eft celle que l'on fait avec du pain délayé dans de l'eau, du lait, du bouillon fous forme de panade, le pain qui a fermenté, étant plus léger que la farine cuite.

D. Eft-ce une économie de laiffer du fon dans la farine ?

R. Non, ce n'eft point une économie, car le fon ne nourrit pas par lui-même, il paffe dans l'eftomac fans y être digéré. Il eft prouvé qu'une livre de pain dans lequel il n'y a point de fon, foutient davantage qu'une livre un quart avec du fon.

D. Quels font les autres inconveniens du fon mêlé avec la farine ?

R. Le fon mêlé avec la farine, la fait fermenter, elle n'eft point de garde ; dans le pétriffage il empêche l'eau de s'incorporer avec la farine, la pâte eft inégale, le levain qui en contient s'aigrit promptement ; le pain où le fon abonde ne peut pas perdre fon humidité au four, il refte mat, gras & il fe moifit promptement.

D. Le fon pur eft-il de garde ?

R. Non, le fon du meilleur bled ne peut pas fe garder long-tems ; celui de bled germé & humide fe corrompt plus promptement, les mittes s'y mettent, & les animaux le rufufent.

D. Les fons qui contiennent encore de la farine, comme ceux qui proviennent de la mouture à la groffe, ne peuvent-ils pas en être dépouillés d'une maniere avantageufe ?

R. Oui, ces fons gras qui contiennent encore d'excellente farine, peuvent en être dépouillés : pour cela, la veille de la cuiffon au foir, on fera tremper le fon gras dans de l'eau froide, on l'y laiffera toute la nuit ; la matière farineufe fe détachera, & le lendemain matin, on remuera le fon, on le preffera avec les mains, on paffera l'eau à travers une toile forte ou un tamis de crin, & on s'en fervira pour pétrir.

SIXIÈME LEÇON.

Du pétrin, du levain relativement aux différentes efpeces de farines, & de l'emploi du fel.

D. COMMENT appelle-t-on l'efpece de coffre dans lequel on pétrit la farine pour en faire du pain ?

R. On appelle ce coffre un *pétrin*, une *maie* ou *huche*, il a la forme d'une auge plus long que large.

D. Ne pourroit-on pas donner au pétrin une forme plus avantageufe ?

R. Oui, fi le pétrin avoit la forme d'un arbre coupé en deux dans fa longueur, creufé en demi-cercle, le pétriffage s'y feroit plus facilement, & il seroit plus aisé de le tenir propre, parce qu'il n'y auroit point d'angle, ce qui est essentiel. Le pétrin doit être placé dans un endroit éclairé, ni trop chaud ni trop froid, éloigné des égoûts & des matières en putréfaction.

D. Qu'entendez-vous par le *levain?*

R. Le levain est une portion de pâte que l'on garde de la dernière cuite, qui a acquis un dégré de fermentation qu'il communique à la nouvelle pâte avec laquelle il est mélangé.

D. Quel est le dégré de fermentation que doit avoir le levain pour être bon?

R. Le levain doit avoir le dégré de fermentation qui lui donne une odeur vineuse; s'il étoit trop vieux, il ne pourroit que gâter la pâte.

D. Quelle préparation donne-t-on au levain de froment?

R. La veille du jour où l'on doit cuire, on délaye le levain dans le tiers de la farine qu'on doit employer, avec de l'eau froide en été & de l'eau tiéde en hyver : il faut bien se garder de se servir d'eau bouillante. On fait du tout une pâte ferme qu'on laisse toute la nuit dans un bout du pétrin entouré de farine pressée, pour empêcher le levain de couler ; on peut le mettre dans une corbeille pour la placer auprès du feu en hyver, & dans un endroit frais en été ; il est essentiel de ne point toucher au levain, pour ne point troubler l'opération de la fermentation.

D. Si le levain étoit passé, comment pourroit-on le raccommoder ?

R. Si le levain étoit passé, on le rafraîchiroit, en le délayant de nouveau dans de l'eau & de la farine, & en tenant la pâte plus douce & plus molle.

D. A qu'elles marques reconnoît-on que le levain est en bon état ?

R. Le levain est en bon état, lorsqu'il est bien bouffant, crenelé & qu'il répand une odeur vineuse ; si au contraire il est applati, crevassé & aigre, alors il est passé, & il faut le rafraîchir.

D. Quelle est la façon de faire le levain de seigle & celui des autres grains ?

R. Le levain de seigle doit être délayé dans la moitié de la farine qu'on emploiera ; on fait la pâte plus ferme, que lorsqu'il s'agit du levain de froment. Le levain d'orge doit être en pâte plus ferme, & on la bassinera ou rafraîchira. Pour le sarrasin, il faut que le levain soit jeune & en grande quantité. Tout levain peut servir à faire le levain de la farine de bled de tur- quie, pourvû qu'il soit abondant, nouveau & de bonne qualité.

D. Quel est le caractère du levain fait avec de la farine de bled germé?

R. Le levain fait avec la farine de bled germé absorbe peu d'eau, il revient très- promptement, mais il ne tarde pas à s'af- faisser & à s'applatir.

D. Quelles sont les précautions qu'e- xige le levain du bled germé?

R. Il faut que le levain fait avec la fa- rine de bled germé soit plus jeune qu'on ne l'emploie ordinairement; il doit être plus ferme, & pour cela on emploie moins d'eau: il ne faut pas le placer dans un endroit trop chaud. Au lieu de mettre en levain le tiers de la farine, on en met la moitié & même les deux tiers.

D. Le levain de pâte est il le seul qu'on emploie?

R. Les Boulangers se servent aussi au lieu de levain de pâte, de levure de bierre, mais le levain de pâte est préfé- rable, parce que la levure rend le pain moins savoureux, il séche promptement, & devient amer.

D. Que pensez-vous de l'emploi du sel dans le pain ?

R. Le sel ne contribue pas beaucoup à la qualité du pain, sur-tout lorsque le bled a été récolté dans une année séche : celui qui a été germé ou qui a été re-colté dans des pays froids ou dans des années humides, peut être employé avec du sel pour donner de la saveur à la fa-rine & de la consistance à la pâte.

D. Dans quelle proportion le sel doit-il entrer dans la pâte ?

R. On emploie ordinairement une de-mie livre de sel par quintal de farine.

D. De quelle maniere emploie-t-on le sel dans la fabrication du pain ?

R. On fait fondre le sel dans l'eau dès derniers levains & du pétrissage, il donne du corps à la pâte, il lui fait absorber plus d'eau, il corrige la fadeur du pain, & le tient plus long-tems frais.

SEPTIÈME LEÇON·

*De l'eau qu'on emploie pour pétrir,
des différentes especes de levains.*

D. LÀ bonté du pain dépend-t-elle de la qualité de l'eau qu'on emploie.

R. La bonté du pain dépend plus du dégré de chaleur de l'eau que de sa qualité ; les eaux de puits, de citerne, de fontaine, de riviere, de pluie sont également bonnes, pourvû qu'elles n'ayent pas de mauvais goût. Les Boulangers de Paris, ne se servent que d'eau de puits, ils font cependant d'excellent pain.

D. Quel est le dégré de chaleur que doit avoir l'eau qu'on emploie pour faire le pain ?

R. L'eau, dans la fabrication du pain, doit être employée sous trois états ; 1°. Telle qu'elle est, c'est-à-dire froide quand il fait chaud, 2°. Tiéde en hyver ; 3°. Enfin chaude dans les grandes gelées.

D. Quelle est la température de l'eau qui convient le mieux à la fabricatiou du pain ?

R. Le pain pétri à l'eau froide ou tiéde

fera toujours plus délicat que celui qui aura été pétri à l'eau chaude.

D. Par quel moyen peut on donner à l'eau le dégré de chaleur qui lui est convenable ?

R. On fait bouillir une partie de l'eau qu'on veut employer, on la mêle toute bouillante avec l'autre qui est froide, & on la met ainsi à la température que l'on désire.

D. Ne produiroit on pas le même effet en versant de l'eau bouillante sur le levain, & ensuite de l'eau froide pour la tiédir ?

R. Il faut bien se garder, même dans les grandes gelées, de jetter de l'eau bouillante sur le levain, elle saisiroit la pâte, la rendroit grise, molle, & lui ôteroit de sa fermeté & de sa consistance.

D. Si l'on craignoit que l'eau ne contint des insectes ou leurs œufs, que faudroit-il faire ?

R. Il faudroit, pour plus grande propreté, passer l'eau dans un tamis de crin serré.

D. Combien les Boulanger distinguent-ils de sortes de levain ?

R. Les Boulangers distinguent trois sortes de levain, savoir le *levain de premiere farine,*

farine, ou le *levain de chef*, le *levain de seconde*, & le *levain de troisième*, ou *levain de tout point*.

D. Qu'est-ce que le *levain de chef* ?

R. Le levain de chef, est une portion de pâte qu'on a gardé de la dernière cuisson.

D. Dans quelles proportions doit-on employer le levain de chef, la farine & l'eau qui sert à la délayer ?

R. Le levain de chef doit être délayé dans une quantité de farine qui ait les deux tiers de son poids, & avec une quantité d'eau égale à son poids ; c'est-à-dire, que trois livres de levain de chef, seront délayées dans neuf livres de farine avec environ trois livres d'eau.

D. Qu'est-ce que le *levain de seconde* ?

R. On appelle levain de seconde, le mélange qu'on fait du premier levain avec de nouvelle farine & de nouvelle eau, quatre heures ou environ après le pétrissage du premier levain.

D. Dans quelles proportions fait-on ce second mélange ?

R. On délaye le premier levain dans à-peu-près le double de son poids en farine, & le double de l'eau qu'on avoit employé dans le premier levain ; ainsi le levain de première dont nous venons de parler, fera délayé dans à-peu-près vingt-quatre livres de farine avec fix pintes d'eau.

D. Qu'eft-ce que le *levain de troifiéme ou de tout point ?*

R. Le levain de tout point, eft un troifiéme mélange des deux levains qui n'en forment plus qu'un, avec de nouvelle farine & de nouvelle eau.

D. Quelles font les proportions qu'on fuit dans ce troifiéme mélange ?

R. Cinq heures ou environ après que le levain de feconde eft fait, on le délaye dans de nouvelle farine qui pefe à-peu-près le tiers de fon poids total, avec un tiers en fus de la quantité de livres ou de pintes d'eau employée dans le levain de feconde ; ainfi le levain de feconde dont nous venons de parler pefant quarante-quatre livres, on le délaye dans à-peu-près trente-trois livres de farine avec neuf pintes d'eau.

D. Quelle eft la proportion de la quantité de farine employée pour les trois levains, avec celle qui doit refter pour la fabrication du pain ?

R. On emploie pour les trois levains, à-peu-près la moitié de la farine qui doit être convertie en pain.

D. La même quantité d'eau convient-elle à toutes les farines ?

R. Non, plus les farines font bifes, plus elles exigent d'eau au pétriffage & moins elles en perdent au four, de même les farines humides prennent moins d'eau que les farines féches : 350 livres de fleur de farine abforbent 209 livres d'eau, tandis que 160 livres de farine bife en abforbent 100 livres.

D. Quel eft l'avantage de ces trois levains que font les Boulangers, tandis que les ménagéres n'en font qu'un ?

R. Par le moyen de ces différents levains faits en différents tems, la fermentation s'établit progreffivement & devient une pâte plus égale. Les ménageres bien entendues ont foin de faire deux levains, c'eft-à-dire, qu'elles rafraîchiffent leur premier levain quelques heures aprês qu'il eft fait.

HUITIÈME LEÇON.

Explication de plusieurs termes de Boulangérie.

D. QU'APPELLE-T-ON *mettre en fontaine?*

R. Mettre en fontaine, c'est placer doucement le levain sur une partie de l'eau destinée au pétrissage & entourée de farine pour qu'elle ne s'écoule pas; on la pétrit ensuite, comme nous le dirons dans la leçon suivante.

D. Qu'est-ce que les Boulangers entendent par *fraser* & *contre-fraser* la pâte?

R. *Fraser* la pâte, c'est l'opération par laquelle, après avoir délayé le levain de tout point dans une quantité d'eau convenable, on la mêle sur le champ avec la farine reservée pour le pétrissage, & dans laquelle le levain doit s'incorporer en travaillant la masse entiere.

D. Qu'entendez-vous par *contre-fraser* la pâte.

R. J'entends par *contre-fraser* la pâte, l'opération par laquelle on divise la masse de la pâte en plusieurs portions que l'on pétrit séparément, on réunit ensuite ces

portions que l'on pétrit de nouveau enſemble, on recommence pluſieurs fois à pétrir
ainſi par parties ſéparées, & enſuite la
maſſe entiere.

D. Qu'entendez-vous par le *baſſinage*
de la pâte ?

R. Le *Baſſinage* de la pâte conſiſte à
faire un enfoncement dans la pâte fraſée
& contre-fraſée, on y verſe de l'eau, on
travaille de nouveau la pâte pour y introduire de nouvel air qui rend la pâte plus
tenace, plus longue, plus égale, plus légere, & produit un pain plus ſavoureux,
plus blanc & plus perſillé.

D. Que veut dire le mot *ſéchement* de
la pâte ?

R. Les Boulangers entendent par le mot
ſéchement, l'état de combinaiſon parfaite
où ſe trouve la pâte, lorſqu'elle eſt fraſée,
contre-fraſée & baſſinée.

D. Qu'eſt-ce que le *tour à pâte ?*

R. Le *tour à pâte* eſt, ou le couvercle
du pétrin, ou une table qui ſert à poſer
la pâte entiérement préparée, pour tourner les pains.

D. Qu'entendez-vous par *pain de pâte
molle,* de *pâte bâtarde,* de *pâte ferme ?*

R. Ces différentes ſortes de pâte dépendent de la maniere dont on la travaille & de la quantité d'eau qu'on y emploie: le pain mollet est de pâte molle, le demi-mollet, est de pâte bâtarde, & le pain de pâte ferme est celui qui a été moins travaillé que ceux-ci, & qui a conservé une plus grande partie de son eau au four, aussi se séche-t-il moins que les pains mollets & demi-mollets qui perdent une grande partie de leur eau au four.

D. Qu'est-ce qu'on entend par *baisure* ?

R. On appelle *baisure* la partie d'un pain où la croute ne s'est pas formée, parce qu'il s'étoit collé dans le four à un autre pain.

D. Qu'appelle-t-on *grigne* ?

R. On appelle *grigne* les gerçures qui se font dans le four à la croute du pain, de maniere que la mie se boursoufle, & prend presque la consistance de la croute.

NEUVIÈME LEÇON.

*De la fabrication du pain, ou du pétris-
sage de la pâte des différentes especes
de grains.*

D. QUELLE est la méthode de pétrir ou
de faire le pain que suivent les ménageres
entendues ?

R. Le levain préparé de la veille, comme nous l'avons expliqué, étant à son
point, on le met en fontaine, c'est-à-dire,
qu'on le pose doucement dans une partie
de l'eau destinée au pétrissage, on le délaye promptement & exactement, on y
ajoute ensuite le reste de l'eau qui doit
être employée ; on rompt la fontaine,
l'eau s'écoule & elle est retenue par l'autre
partie de farine destinée à être convertie
en pain ; on mêle le tout ensemble, &
pour en faire une masse uniforme, on la
souleve & on la manie dans tous les sens :
on la divise les mains ouvertes & non pas
en y enfonçant les poings fermés, on pin-
ce, on arrache la pâte, ce qu'on appelle
fraser ; on travaille de nouveau cette pâte
encore molle, on ratisse le pétrin, la pâte

C 3

qu'on en détache s'incorpore dans la masse à l'aide d'un peu d'eau, ce qu'on appelle *contre-fraser*; on raffine ainsi la pâte en y faisant un enfoncement dans lequel on verse de l'eau pour travailler de nouveau la pâte, afin d'y introduire le plus d'air qu'il est possible.

D. Le pétrissage étant fini, quel est le procédé qu'on suit pour diviser la pâte en pain, & le tourner?

R. La pâte étant suffisamment travaillée, on la retire du pétrin par parties, en la découpant & la battant encore à mesure qu'on la met en masse sur le tour où elle reste une demi-heure, afin qu'elle conserve sa chaleur & entre en levain. Si le tems étoit chaud, il faudroit la diviser & la tourner sur le champ. A mesure qu'on tourne les pains, on les met dans des panetons ou d'osier, ou de bois, ou de paille tressée; on les expose à l'air libre lorsqu'il fait chaud; mais si le tems est froid, on les couvre, pour donner au pain le tems de fermenter, c'est alors que le pain revient ou qu'il prend son apprêt.

D. Comment prépare-t-on le levain de la cuisson suivante?

R. On ratisse exactement le pétrin, on

ajoute aux ratiſſures le double à-peu près de leur poids en farine, & de l'eau froide pour former une pâte ferme qu'on dépoſe dans le lieu le plus frais de la maiſon.

D. A quelles marques reconnoît-on que le pain eſt bien revenu, ou qu'il a acquis tout ſon apprêt.

R. Le pain a acquis tout ſon apprêt, lorſque la pâte a pris un volume aſſez conſidérable, qu'elle réſiſte au doigt qui la preſſe ſans ſe rompre à ſa ſurface. Il vaut mieux qu'elle ne ſoit pas tout-à-fait aſſez revenue, que de l'être trop.

D. Le pétriſſage des farines des autres grains, eſt-il le même que celui de la farine de froment?

R. Le pétriſſage eſt le même, à quelques différences près relatives aux différentes eſpeces de farines.

D. Comment pétrit-on la farine de ſeigle?

R. Le pétriſſage de la farine de ſeigle ſe fait comme pour le froment, avec cette différence ſeulement que la pâte ſoit plus ferme d'abord, on ne la baſſinera pas, & on ne la travaille pas tant, parce que la farine de ſeigle eſt plutôt combinée avec l'eau, que la farine de froment; la pâte de seigle fermente plus difficilement que celle de froment.

D. Comment se pétrit la farine de méteil ?

R. La manipulation du pain de meteil participe de celle du pain de froment & du pain de seigle.

D. Quelle espece de pétriffage exige la farine d'orge ?

R. Le pétriffage eft le même que pour la farine de seigle, mais on baffine la pâte, parce que cette opération ajoute ainfi que le travail de la pâte à l'effet du levain & à l'apprêt du pain.

D. Quelle eft la maniere de pétrir le bled de turquie ?

R. On verfe de l'eau bouillante dans le pétrin, au milieu de la farine qu'on deftine à la cuite, on délaye la farine avec une fpatule, on la remue fort & long-tems pour en faire une pâte dure ; lorfque ce mélange eft un peu refroidi, on fait un trou dans la maffe, on y met le levain, ayant foin de le bien mêler avec la pâte que l'on pétrit de nouveau, on laiffe la maffe fermenter & on chauffe le four : lorfque la pâte eft affez levée on la délaye de nouveau avec de l'eau froide, on en fait une pâte molle dont on remplit des terrines garnies de feuilles de châtaignier ou de chou qu'on fait faner en les approchant du feu , on place les terrines dans le four , la pâte s'éleve en cuisant & déborde , ce qui forme une croute , on retire les terrines , on les renverse sur une table & le pain est fait.

D. Quelle espece de pétrissage exige la farine de sarrasin ?

R. Le pétrissage de la farine de sarrasin doit être vif & prompt, on ne bassine pas la pâte.

D. La farine de bled germé n'exige-t-elle pas un pétrissage particulier ?

R. Oui , car la farine de bled germé boit peu d'eau , la pâte en est courte , gluante, sans soutien, molle , lâche à l'apprêt & elle rend son eau.

D. De quelle maniere faut-il donc la pétrir ?

R. On n'emploira point d'eau trop chaude en la pétrissant , on la travaillera légerement & promptement, on ne laissera pas revenir le pain dans un endroit trop chaud, parce que l'apprêt passe bientôt.

DIXIÈME LEÇON.

De la fabrication du pain de pommes de terre.

D. Les graities dont vous nous avez parlé jufqu'à préfent, font-ils les feules fubftances avec lefquelles on puiffe faire du pain ?

R. On peut faire du pain avec plufieurs racines que l'on fait bouillir : & dont on extrait l'amidon, comme les pommes de terre, les racines de pied de veau, de colchique, de brione, de glayeul, d'elle-bore & le maron d'inde. Quoique la plupart de ces plantes paffent pour des efpeces de poifon comme le manïoc en Amérique dont les racines fervent de nourriture, l'amidon qu'on retire de ces racines eft toujours doux, nourriffant & falubre.

D. Quelle eft la maniere de faire du pain avec les pommes de terre ?

R. On peut faire du pain de pomme de terre, ou en mêlant fa pulpe avec de la farine de froment ; ou en employant l'amidon de pommes de terre feul fans mélange de farine.

D. Comment fait on le pain de pommes de terre mêlées avec de la farine ?

R. Faites cuire dans l'eau une certaine quantité de pommes de terre, ôtez-en la peau, écrasez-les avec un rouleau de bois, de maniere qu'elle soit comme de la bouillie, sans grumeaux, & que la pâte soit unie, tenace & visqueuse; ajoutez à cette pâte le levain préparé de la veille, & toute la farine destinée à entrer dans la pâte, ensorte qu'il y ait moitié de pulpe de pommes de terre, & moitié farine: pétrissez bien le tout avec l'eau nécessaire, & faites le reste comme pour le pétrissage de la farine de froment.

D. Peut-on faire du pain de pommes de terre avec d'autres farines que celles de froment?

R. Oui, la pulpe de pommes de terre employée avec les farines de seigle, d'orge, de bled de turquie de sarrasin, donne de la qualité à ces sortes de pains.

D. Comment fait on du pain avec des pommes de terre seules sans mélange de farine?

R. On lave les pommes de terre dans l'eau, on les divise à l'aide d'une rape de fer blanc, la pulpe tombe dans un vase rempli d'eau, à moitié, on mêle & on presse le tout entre les mains, on passe la liqueur à travers un tamis de crin, on verfe de nouvelle eau fur le marc refté dans le tamis jufqu'à ce que l'eau ne foit prefque plus colorée, on trouve au fond du vafe une farine ou efpece d'amidon, on la lave à plufieurs eaux & on-la fait fécher à l'air. On peut de cette même maniere retirer l'amidon des racines dont nous avons parlé plus haut.

D. De quelle maniere emploie-t-on cette farine ou cet amidon pour faire du pain ?

R. On prend parties égales de cette farine & de pulpe de pommes terre, on y ajoute un peu de levure & de fel délayé & fondu dans l'eau, on en forme une maffe que l'on travaille fortement & avec foin ; on la laiffe revenir, on l'enfourne, il en réfulte un pain fort blanc, favoureux & très nourriffant.

ONZIÈME LEÇON.

Du four, de fa conftruction, de fa conduite, & de la cuiffon du pain.

D. QUELLE eft la place la plus commode que le four doit occuper dans la maifon ?

R. Le four doit être à couvert & près de la cheminée, pour entretenir la chaleur & consommer moins de bois.

D. Quelle eft la forme la plus avanta-geufe du four & avec quelle matiere doit-on paver l'atre ?

R. La forme ovale eft celle qui convient le mieux. Le grès, lorfqu'on peut s'en procurer, eft la matiere qu'on doit préférer pour paver l'atre, parce qu'il conferve plus long-tems fa chaleur ; il n'a pas l'inconvénient de la glaife qui fe gerce & qui dure peu, ni de la brique ou du carreau qui s'échauffe trop, & qui brûle le pain fans le cuire.

D. Quelles font les dimenfións que doit avoir un four bourgeois ?

R. On conftruit le four fur une voûte faite en briques ou en moillons : l'atre doit avoir une furface à cinq pieds environ de longueur fur quatre pieds dans fa plus grande largeur. Le dôme ou la chapelle fera élevée de toutes parts au-deffus de l'atre d'un pied ou un pied & demi, excepté dans la partie antérieure où fe trouve l'entrée ou la bouche du four. Elle doit être fermée auffi exactement qu'un poële avec une porte de fer que l'on peut ouvrir

& fermer à volonté. Le deſſus du four peut former une chambre pour y ſerrer le grain lorſqu'il eſt humide. On pratique ſous le four une voûte dans laquelle on place en hiver le levain & la pâte qui s'apprê- tent difficilement.

D. Quelle ſont les matieres dont on ſe ſert pour chauffer le four ?

R. Toutes ſortes de matieres combuſti- bles peuvent ſervir à chauffer le four ; ſeulement on doit éviter de le chauffer avec de la paille qui donne peu de cha- leur, & qui d'ailleurs peut être mieux em- ployée pour l'engrais des terres. On ne le chauffera pas non plus avec des bois peints, comme les bois de treillage, à cauſe du danger dont eſt pour le pain la couleur qui les recouvre.

D. Quel eſt le dégré de chaleur que doit avoir le four?

R. L'habitude ſeule apprend à connoî- tre le dégré convenable de chaleur du four; en général, le tems néceſſaire pour chauffer le four à un dégré convenable, eſt à-peu- près celui que la pâte exige pour prendre ſon apprêt : on doit donc l'allumer auſſi- tôt que le pain eſt dans les pannetons. Il faut environ deux heures pour chauffer un four dans lequel on ne cuit pas tous les jours.

D. Ne pourroit-on pas, à l'aide du thermométre, déterminer le dégré convenable de chaleur du four ?

R. Oui, il réfulte de plufieurs expériences faites par le Cit. *Tillet*, de la ci-devant Académie des Sciences, qu'un thermométre à Mercure placé dans un four lorfque les pains ont été faifis par la chaleur & ont acquis un peu de confiftance, eft monté, après un féjour de 8 à 10 minutes, à 185 d. Remis enfuite dans le four, il s'eft maintenu à ce dégré pendant tout le tems qu'il y eft refté. Il auroit été à défirer que l'expérience eut été faite immédiatement avant d'enfourner le pain ; il feroit fûrement monté plus haut.

D. Quelle préparation donne-t-on au four lorfqu'il a la chaleur convenable & avant que d'enfourner ?

R. On ôte tous les tifons, on arrange la braife à côté de la bouche du four ; & on nettoye l'atre avec l'écouvillon. En général il vaut mieux que ce foit le four qui attende après la pâte, parce qu'on peut le réchauffer fi la chaleur eft baiffée ; au lieu que lorfque la pâte eft trop revenue, il n'y a point de reméde.

D. Comment s'y prend-t-on pour enfourner le pain ?

R. On renverse les pains de chaque panneton sur une pelle soupoudrée de petit son, de maniere que le dessus se trouve en dessous ; on place les plus gros pains au fond du four, on les arrange de façon qu'ils ne se touchent pas ; on ferme la bouche du four, à moins qu'il ne soit trop chaud.

D. Combien de tems le pain doit-il rester dans le four ?

R. Cela dépend de la grosseur des pains, & de leur forme. En général plus le pain est blanc, & moins il est long à cuire. La pâte la plus ferme exige une heure & demie, & la pâte la plus légere trois-quarts d'heure. Les pains trop gros se tournent difficilement & cuisent mal.

D. A quelles marques reconnoît-on que le pain a le degré de cuisson nécessaire ?

R. Le pain est fait, quand en frappant dessus du bout du doigt, il résonne avec force, & lorsqu'à la baisure, s'il y en a, la mie pressée revient comme un ressort.

D. Quelles précautions doit-on prendre, lorsqu'on défourne le pain ?

R. Lorsque les pains sont sortis du four,

on les range debout à côté les uns des autres, expofés à l'air : on ne les enferme que lorfqu'ils font reffués & parfaitement refroidis.

D. Quel eft le caractère de la bonne qualité du pain ?

R. Pour s'affurer de la bonne qualité du pain, il faut attendre qu'il foit entiérement refroidi : ce n'eft point par fa croute qu'on peut toujours juger de fa bonne qualité, il faut examiner l'intérieur : fi la mie eft féche, fpongieufe, parfemée de trous égaux entr'eux, & ayant un goût de noifette ; fi en la coupant elle eft liffe, c'eft une preuve que le pain eft bon & bien fait.

D. Le pain le plus compact eft-il le plus nourriffant ?

R. Non, le pain le plus lourd & le plus compact, n'eft pas celui qui nourrit davantage. Un pain fait avec les trois efpeces de farine blanche, bis-blanc & bife mêlées enfemble eft le plus fubftantiel & celui qui a plus de goût ; c'eft ce qu'on appelle proprement *pain de ménage.*

DOUZIÈME LEÇON.

De la conduite du four, relativement aux pains de seigle, d'orge, de sarrasin, &c.

D. LA conduite du four est-elle la même pour la cuisson des pains de toutes les especes de grains?

R. Non, elle diffère, selon les différentes especes de farines qu'on emploie à la fabrication du pain,

D. Comment doit-on conduire le four pour la cuisson du pain de seigle?

R. Le four doit être plus chaud pour le pain de seigle que pour le pain de froment, afin que la chaleur saisisse sur le champ la pâte : on enfournera le pain de seigle, avant que la fermentation soit achevée : sans cette précaution, la pâte creveroit au four au lieu de se goufler, & elle s'applatiroit ensuite à cause de son peu de viscosité. On laissera la porte du four ouverte, afin que le pain puisse se ressuer dans l'intérieur; il restera plus long-tems dans le four que celui de froment.

D. Quelles sont les qualités du pain de seigle?

R. Le pain de feigle fe tient plus long-tems frais que celui de froment, il n'eft pas auffi favoureux, mais lorfqu'il eft bien fait, il n'eft point lourd & fe digere facilement.

D. Quelle attention exige la cuiffon du pain d'orge ?

R. Pour la cuiffon du pain d'orge, le four doit être moins chauffé que pour le pain de feigle, & il ne doit pas y refter auffi long-tems.

D. Quelles régles fuit-on pour la cuiffon du pain de farrafin ?

R. On doit enfourner le pain de farrafin avant qu'il foit à fon point d'apprêt ou entiérement revenu, & on le laiffera dans le four un peu plus long-tems que le pain d'orge.

D. La cuiffon de bled germé n'exige-t-elle pas quelques précautions ?

R. Oui, pour cuire du pain fait avec la farine de bled germé, il faut tenir le four un peu plus chaud, fans quoi le pain lâcheroit fon apprêt & s'applatiroit: on le fait reffuer après qu'il eft cuit, parce que les farines de bled germé retiennent davantage l'humidité.

D. Quels font les défauts du pain de bled germé ?

R. Le pain de bled germé ne se gon-
fle pas au four, il s'y applatit, il cuit
difficilement, il quitte sa croute, il reste
mat, gluant, & gras-cuit ; il est fade,
il se digere avec peine, il nourrit moins
que le pain de bon bled, il s'aigrit & il
se moisit.

D. Comment cuit-on le pain de pommes de terre ?

R. Pour cuire le pain de pommes de
terre, le four ne doit pas être autant
chauffé que pour les autres pains : on aura
soin de laisser pendant quelque tems la
porte du four ouverte, & on le laissera
cuire plus long-tems.

TREIZIÈME LEÇON.

*Des déchets que le pain éprouve dans
le four.*

D. LE pain qu'on retire du four a-t-il le
même poids qu'il avoit en pâte ?

R. Non, le pain, pendant son séjour
dans le four, a perdu par l'évaporation
une partie de l'eau avec laquelle on avoit
pétri la farine, ainsi il doit moins peser
lorsqu'il est cuit que lorsqu'il est en pâte.

D. Quelle eſt en général la quantité d'é-
vaporation qui ſe fait dans le four ?

R. Il s'évapore dans le four à-peu-près
la moitié d'eau employée au pétriſſage.

D. Cette quantité d'évaporation eſt-elle
la même pour toutes ſortes de pains ?

R. Non, l'évaporation des farines blan-
ches & ſéches eſt plus grande que celle
des farines biſes & humides. Les pains qui
préſentent beaucoup de ſurface, comme
les pains longs ou en couronne, les pains
d'une demie livre, d'une livre, de deux
livres éprouvent un déchet plus grand que
les pains ronds & ceux d'un volume conſidérable.

D. N'y a-t-il pas encore d'autres cauſes
de ce déchet ?

R. Oui, ainſi, un pain dont la croute
ſe fend dans le four, perdra plus que celui
dont la croute eſt intacte : ſi le pain reſte
dans le four plus long-tems qu'à l'ordinai-
re, il perdra davantage de ſon poids. Par
exemple, un pain qui a ſon dégré ordi-
naire de cuiſſon peſe quatre livres, remis
dans le four pendant dix minutes, perd
deux onces ſur ſon poids ; remis de nouveau au four pendant dix autres minutes,
il perd encore une once. Un pain plat de

quatre livres pour la soupe , peut perdre jusqu'à quinze onces & demie.

D. Dans quelle proportion l'eau qui reste après la cuisson du pain doit-elle se trouver , avec la quantité de farine employée ?

R. Les pains de quatre livres après qu'ils sont sortis du four , doivent conserver les cinq seizièmes en eau du poids total de la farine employée ; ainsi , si l'on emploie 260 livres de farines , on doit retrouver après la cuisson 340 livres de pain. Si les pains sont d'un plus gros volume , on retrouvera un peu plus , & un peu moins , s'ils sont d'un plus petit volume.

D. Dans quelle proportion le pain perd-t-il au four , relativement à la quantité de pâte employée en pains de quatre livres ?

R. La quantité de pâte employée en pains de quatre livres , perd à-peu-près un huitième de son poids par l'évaporation de l'eau ; ainsi 208 livres huit onces de pâte divisée en 45 pains de quatre livres ; ces pains au sortir du four ne pesent que 180 livres deux onces.

D. Quel est donc la régle que suivent les Boulangers , pour que les pains de différentes pésanteur , ayent leur poids au sortir du four ?   *R.*

R. Les Boulangers ajoutent à chaque pain en pâte, ce qu'ils appellent *bon de poids*, d'après ce que l'expérience leur a appris fur la perte que doivent éprouver les pains de différentes farines & de différentes pefanteur.

D. Quel eft le bon de poids en pâte, pour les différentes efpeces de pain ?

R. Les Boulangers ajoutent en pâte, deux onces pour un pain d'une demie-livre, trois onces pour un pain d'une livre, fix onces pour un pain de deux livres, dix onces pour un pain de quatre livres, quatorze onces pour un pain de fix livres, une livre quatre onces pour un pain de huit livres, & une livre huit onces pour un pain de douze livres.

D. Le pain, en fe refroidiffant, conferve-t-il le même poids qu'il avoit au fortir du four ?

R. Le pain perd de fon poids à mefure qu'il fe refroidit & qu'il vieillit ; un pain de quatre livres peut perdre au bout de huit jours quatre à cinq onces de fon poids : cela dépend du dégré de cuiffon & de la forme du pain qui préfente plus ou moins de furface.

D. Quelles précautions doivent prendre

D

les Boulangers, pour que les pains ne perdent au four que ce qu'ils doivent perdre ?

R. Il faut pour cela bien ménager la conduite du four, lui donner le dégré de chaleur convenable avant d'enfourner, afin que la chaleur faisisse les pains aussi-tôt qu'ils font enfournés, & que l'évaporation foit plutôt arrêtée ; on n'eft pas obligé alors de laisser le pain aussi long-tems dans le four, & il perd moins de son poids : car le féjour dans le four trop long de quelques minutes, fur-tout pour les petits pains, occafionne un déchet confidérable.

D. Peut-on exiger des Boulangers que leur pain ait précifément le poids qu'il doit avoir ?

R. On peut l'exiger pour les pains de pâte ferme de 4. 5. 6. 8 & 10 livres. A l'égard des pains mollets & d'un moindre poids qu'on appelle *pain de fantaifie*, on ne peut gueres l'exiger, puifque le Boulanger n'eft pas le maître de parvenir à cette précifion malgré tous fes foins. La fournée entiere peut rendre le poids total qu'on en attend, tandis que plufieurs pains de cette même fournée feront au-deffous de leur poids, & d'autres feront au-deffus, quel que foit la place qu'ils occupoient dans le four, foit dans le *premier* & le *fecond quartier*, foit dans le *cœur.*

D. Quel eft le produit en pain des différentes efpeces de farines ?

R. Voici ce que l'expérience a appris : 310 livres de farine blanche, doivent donner 399 livres de pain de formes & de poids différens. 130 livres de farine appellée bis-blanc, donneront 171 livres de pain, & 220 livres de farine bife rendront 291 livres de pain. En général on doit s'attendre à un quart de pain en fus du poids de la pâte employée, fi toutesfois la farine eft de bonne qualité. On dit ordinairement qu'une livre de bon bled, rend une livre de pain.

QUATORZIÈME ET DERN. LEÇON.

Sur la taxe du Pain.

D. **A** qui appartient le droit de taxer le prix du pain ?

R. Le droit de taxer le prix du pain appartient aux Corps adminiftratifs chargés de la police.

D. Sur quelles bafes eft fondé le tarif du prix du pain ?

R. Le tarif du prix du pain eſt fondé, 1°. Sur le prix du bled, 2°. Sur la quantité de farine que doit rendre une quantité donnée de bled, 3°. Sur la quantité de livres de pain qui doit réſulter d'une certaine quantité de farine, 4°. Sur la remiſe que l'on fait par livre de pain au Boulanger pour ſes frais & la main d'œuvre. De ces quatre baſes, deux peüvent varier, le prix du bled & la remiſe accordée au Boulanger qui doit être proportionnée au prix du bois, & à celui de la main-d'œuvre.

D. Combien un ſeptier de bled peſant 240 liv. doit-il rendre de livres de farine ?

R. Un ſeptier de bled de bonne qualité doit rendre les trois quarts de ſon poids en farine ; ainſi 240 livres de bled doivent rendre 180 livres de farine, 200 livres de bled doivent rendre 150 livres de farine, & 100 livres de bled doivent rendre 75 livres de farine tant blanche que biſe, non compris les iſſues.

D. Comment s'eſt-on aſſuré de cette proportion entre la quantité de bled & celle de la farine qui en réſulte ?

R. On s'en eſt aſſuré par des expériences faites avec ſoin au moulin. Voici une

autre expérience que le Cit. *Tillet* a fait
& qui confirme les résultats que la mouture a donné. Ce savant gardoit depuis
25 ou 30 ans un petit sac de froment ;
au bout de ce tems il ne trouva que les
écorces des grains parfaitement bien con-
servées à un très petit trou près : ces écorces ne contenoient pas un atôme de farine. Le Cit. *Tillet* prit quatre de ces écorces bien choisies, il les pesa à la balance
d'essai, & il trouva qu'elles faisoient équi-
libre avec un grain de froment sain & bien
nourri : ainsi trois de ces écorces représen-
tent la farine contenue dans le grain, &
la quatriéme doit être comptée pour celle
qui est particuliere au grain sain de froment
mis en comparaison.

D. Combien de livres de pain doit produire une quantité donnée de farine ?

R. Une quantité donnée de farine doit
produire cinq seiziémes au-delà de son
poids en livres de farine ; ainsi 180 livres
de farine donneront 236 livres de pain ;
150 livres de farine donneront 196 livres
de pain, savoir 6 livres de pain blanc,
162 livres de bis-blanc, & 28 livres de
bis. 75 livres de farine donneront 98 livres de pain, savoir trois livres de blanc,

81 livres de bis-blanc, & 14 livres de bis.

D. Combien accorde-t-on au Boulanger pour ſes frais & ſa main-d'œuvre?

R. On a coutume d'accorder au Boulanger quatre deniers par livre de toute eſpece de pain, lorſque les denrées & la main-d'œuvre ne ſont point hors de prix, comme dans ce moment (Frimaire 3. de la Rép. & Novembre 1794 ſtyle vulgaire.)

D. N'eſt-il pas juſte que le pain blanc ſoit taxé un peu plus fort à proportion que les deux autres eſpeces de pain?

R. Oui, cela eſt de toute juſtice, car il convient que les riches ſupportent l'excédent de valeur des deux eſpeces de pain deſtiné à nourrir la claſſe indigente. Ainſi lorſqu'on taxe le pain à proportion de l'augmentation du bled, on rejette ſur le pain blanc la quantité de deniers dont on décharge par livres les pains bis-blanc & bis. Par exemple ſi par un premier calcul on trouve que la livre de pain ſans diſtinction de qualité doit valoir 2^f. 6$\frac{1}{4}$d. on ajoute à ces 2f. 6$\frac{1}{4}$d. pour le pain blanc les deniers que l'on retranche à proportion ſur les deux autres pains de moindre qualité; on taxe donc le pain bis-blanc à 2f. 3d. &

le pain bis à 2ſ. il reste 9 $\frac{1}{2}$ ᵈ qui ajouté à 2ſ. 6 $\frac{1}{4}$ d. porteront le pain blanc à 3 ſ. 3 $\frac{3}{4}$ ᵈ.

D. Lorsqu'il se trouve une fraction en deniers, accorde-t-on toujours le fort denier au Boulanger?

R. Lorsqu'il n'y a qu'une fraction d'un demi-denier ou un denier, on ne le comprend pas dans la taxe, mais lorsqu'il y a un denier & demi & au-dessus, on en taxe trois & ainsi en remontant jusqu'au sol: par exemple s'il n'y a que

$$4^{\mathrm{d}}.\ 7^{\mathrm{d}}.\ 10^{\mathrm{d}}.$$

on ne taxe que 3. 6. 9. mais lorsqu'il y a

$$1\tfrac{1}{4}\ 2.\ \tfrac{1}{4}.\ 7\tfrac{1}{2}.\ 8.\ 10\tfrac{1}{2}.\ 11,$$

on taxe 3. 6. 9. 1ſ.

D. Que doit-on se proposer en établissant un tarif pour la taxe du pain?

R. L'essentiel d'un tarif est que la valeur du grain jointe aux frais de boulangerie y compris le bénéfice, soit toujours parfaitement égal au prix du pain débité par le Boulanger.

D. Que faut il faire pour parvenir à cette balance exacte.

R. Il faut, quand il y a une augmentation à faire supporter à la livre de pain, qu'elle soit répartie de manière que cet accroiſſement de prix, quelque foible qu'on la ſuppoſe, ſoit toujours proportionné à la valeur du pain une fois établie, & à la différence du prix qn'on a d'abord fixé.

D. Faites-moi voir l'application de cette régle par un exemple ?

R. Je ſuppoſe la livre de pain blanc fixée à 28 den. & celle de bis-blant à 21ᵈ. ſans y comprendre les frais de manipulation, les deux prix ſont dans le rapport de 4 à 3 ou de $\frac{4}{7}$ à $\frac{3}{7}$. Le boiſſeau de bled peſant 32 liv. augmente de 2ſ. 4ᵈ. qu'il faut répartir proportionnément à la qualité du pain ; il faudra donc faire ſupporter 16ᵈ. aux 15 liv. de pain blanc que donne ce boiſſeau, & 12ᵈ. ſeulement au 16 liv. de pain bis-blanc que l'on retire du même boiſſeau : car 16 & 12 ſont également dans le rapport de 4 à 3., ainſi chaque livre de pain blanc recevra $7\frac{1}{15}$ᵈ. & chacune des 16 livres de pain bis-blanc recevra $\frac{3}{4}$ de dénier, ſauf les deniers à ajouter par livre pour les frais de boulangerie. Ce principe une fois poſé, le tarif marche tout ſeul ; on le verra dans la table ſuivante où l'on établit d'abord le prix du bled, & enſuite le prix de ce même bled, en y ajoutant les frais de boulangerie.

Prix de la totalité du pain égal à celui du boisseau avec tous les frais. (l. s. d)	Prix de la livre de pain suivant la qualité. (s. d)	Quantité de livres de pain tirées du boisseau. (s.)	Même prix avec 4 d. par livre pour frais de boulangerie. (l. s. d)	Boisseau de bled pesant 32 liv. & valant d'abord 3 l. 3 f. (l. s. d)
2. 0. 0	2. 8	15. blanc.	3. 3. 0	3. 3. 0
1. 13. 4	2. 1	16, bis-bl.	10. 4	
3. 13. 4		31.	3. 13. 4	
2. 1. 4	2. 9 $\frac{5}{15}$	à	3. 5. 4	3. 5. 4
1. 14. 4	2. 1 $\frac{3}{4}$	à	16. 4	
3. 15. 8			3. 15.	
2. 2. 8	2. 10 $\frac{5}{15}$	à	3. 7. 8	3. 7. 8
1. 15. 4	2. 2 $\frac{1}{4}$	à	10. 4	
3. 18. 0			3. 18. 0	
2. 4. 0	1. 11 $\frac{3}{15}$	à	3. 10. 0	3. 10. 0
1. 16. 4	2. 5 $\frac{1}{4}$	à	10. 4	
4. 0. 4			4. 0. 4	
2. 5. 4	3. 0 $\frac{4}{15}$	à	3. 12. 4	3. 12. 4
1. 17. 4	2. 4	à	10. 4	
4. 2. 8			4. 2. 8	
2. 6. 8	3. $\frac{5}{15}$	à	3. 14. 8	3. 14. 8
1. 18. 4	2. 4 $\frac{3}{4}$	à	10. 4	
4. 5. 0			4. 5. 0	

C'eſt d'après ce principe & les baſes que je viens d'établir que le tarif ſuivant a été calculé. Je ſuppoſe, 1°. Le ſeptier de bled bien net & criblé & de bonne qualité, peſant 200 livres poids de marc. Je ſuppoſe, 2°. Qu'il augmente de 10 ſols depuis 3 liv. juſqu'a 40 liv. cette gradation de prix occupe la premiere colonne, les trois colonnes ſuivantes offrent le prix de la livre de pain qu'on a coutume de faire de trois différentes qualités, les frais de boulangerie compris, relativement à l'augmentation du bled On voit que pour chaque augmentation de 10 ſols dans le prix du bled, le prix de 1re. qualité augmente de $\frac{6}{8}$ de denier, celui de 2de. qualité de $\frac{5}{8}$ & celui de 3e. qualité de $\frac{4}{8}$.

N. B. Les fractions ſont d'un huitiémes de denier

PRIX du septier	PAINS DE		
	1re. qualité	2e. qualité	3e. qualité
L. S.	S. D.	S. D.	S. D.
3.	0.8,4	0. 7,6	0. 7
3. 10	9,3	8,3	7,4
4.	10.	0,9	8.
4. 10	10,6	9,5	8,4
5.	11,4	10,2	9.
5. 10	1. 0,2	10,7	9,4
6.	1. 1,	11,4	10.
6. 10	1. 1,6	1. 0,1	10,4
7.	1. 2,4	1. 0,6	11.
7. 10	1. 3,2	1. 1,3	11,4
8.	1. 4.	1. 1.	1. 0.
8. 10	1. 4,6	1. 2,5	1. 0,4
9.	1. 5,4	1. 3,2	1. 1.
9. 10	1. 6,2	1. 3,7	1. 1,4
10.	1. 7.	1. 4,4	1. 2.
10. 10	1. 7,6	1. 5,1	1. 2,4
11.	1. 8,4	1. 5,6	1. 3.
11. 10	1. 9,2	1. 6,3	1. 3,4
12.	1. 10	1. 7.	1. 4

PRIX du septier	PAINS DE		
	1re. qualité	2e. qualité	3e. qualité
L. S.	S. D.	S. D.	S. D.
12. 10	1.10,6	1. 7,5	1. 4,4
13.	1.11,4	1. 8,2	1. 5.
13. 10	2. 0,2	1. 8,7	1. 5,4
14.	2. 1	1. 9,4	1. 6.
14. 10	2. 1,6	1.10,1	1. 6,4
15.	2. 2,4	1.10,6	1. 7.
15. 10	2. 3,2	1.11,3	1. 7,4
16.	2. 4	2. 0.	1. 8.
16. 10	2. 4,6	2. 0,5	1. 8,4
17.	2. 5,4	2. 1,2	1. 9.
17. 10	2. 6,2	2. 1,7	1. 9,4
18.	2. 7.	2. 2,4	1.10
18. 10	2. 7,6	2. 3,1	1.10,4
19.	2. 8,4	2. 3,6	1.11
19. 10	2. 9,8	2. 4,3	1.11,4
20.	2.10.	2. 5.	2. 0.
20. 10	2.10,6	2. 5,5	2. 0,4
21.	2.11,4	2. 6,2	2. 1.
21. 10	3. 0,2	2. 6,7	2. 1,4

| PRIX du septier | PAINS DE | | | PRIX du septier | PAINS DE | | |
| | 1re. qualité | 2e. qualité | 3e. qualité | | 1re. qualité | 2e. qualité | 3e. qualité |
L. S.	S. D.	S. D.	S. D.	L. S.	S. D.	S. D.	S. D.
22.	3. 1.	2. 7,4	2. 2.	31. 10	4. 3,2	3. 7,3	2. 11,4
22. 10	3. 1,6	2. 8,1	2. 2,4	32. —	4. 4	3. 8	3. 0
23.	3. 2,4	2. 8,6	2. 3.	32. 10	4. 4,6	3. 8,5	3. 0,4
23. 10	3. 3,2	2. 9,3	2. 3,4	33.	4. 5,4	3. 9,1	3. 1
24.	3. 4.	2. 10.	2. 4.	33. 10	4. 6,2	3. 9,7	3. 1,4
24. 10	3. 4,6	2. 10,5	2. 4,4	34.	4. 7	3. 10,4	3. 2
25.	3. 5,4	2. 11,2	2. 5.	34. 10	4. 7,6	3. 11,1	3. 2,4
25. 10	3. 6,2	2. 11,7	2. 5,4	35.	4. 8	3. 11,6	3. 3
26.	3. 7	3. 0,4	2. 6.	35. 10	4. 9,2	4. 0,4	3. 3,4
26. 10	3. 7,6	3. 1,1	2. 6,4	36.	4. 10	4. 1,1	3. 4
27.	3. 8,4	3. 1,6	2. 7.	36. 10	4. 10,6	4. 1,6	3. 4,4
27. 10	3. 9,2	3. 2,3	2. 7,4	37.	4. 11,4	4. 2,4	3. 5
28.	3. 10.	3. 3.1	2. 8.	37. 10	5. 0,2	4. 3,1	3. 5,4
28. 10	3. 10,6	3. 3,5	2. 8,4	38.	5. 1	4. 3,6	3. 6
29.	3. 11,4	3. 4,2	2. 9.	38. 10	5. 1,6	4. 4,3	3. 6,4
29. 10	4. 0,2	3. 4,7	2. 9,4	39.	5. 2,4	4. 5	3. 7
30.	4. 1.	3. 5,4	2. 10.	39. 10	5. 3,2	4. 5,5	3. 7,4
30. 10	4. 1,6	3. 6,1	2. 10,4	40.	5. 4	4. 6,2	3. 8
31.	4. 2,4	3. 6,6	2. 11.	40. 10	5. 4,6	4. 6,7	3. 8,4

TABLE

des Matières contenues dans les Leçons.

Fin de la Table des Matières.

CATÉCHISME

CATÉCHISME

A L'USAGE

DES HABITANTS

DE LA CAMPAGNE,

Sur les dangers auxquels leur santé
& leur vie sont exposées, & sur
les moyens de les prévenir & d'y
remédier.

*Par M. COTTE, Prêtre de l'Oratoire,
Curé de Montmorenci, Correspondant
de l'Académie Royale des Sciences,
Membre de plusieurs Académies.*

DÉDIÉ

AUX CITOYENS DE MONTMORENCI.

A PARIS,

Chez les Freres BARBOU, rue des Mathurins.

M DCC XCII.

AUX CITOYENS
DE MONTMORENCI,

Mes bons amis,

Vous travaillez pendant toute votre vie pour les habitants des Villes, vous portez le poids du jour & de la chaleur, pour leur procurer les denrées de première nécessité ; votre ardeur pour le travail, & la nature de ce travail, vous exposent à bien des accidents, à bien des dangers où votre santé & quelquefois même votre vie sont compromises. Un sentiment de reconnoissance pour vos utiles travaux m'a engagé à rédiger pour vous ce petit Catéchisme, dans lequel je vous indique les moyens que vous pouvez prendre ou pour prévenir ces dangers & ces accidents, ou pour y remédier lorsque vous n'avez pû les éviter. Recevez-donc, mes bons amis, ce petit opuscule, comme un gage de mon attachement pour vous, & comme une preuve de l'intérêt que je prends à vos utiles travaux que j'ai

A ij

déja essayé de diriger en publiant l'année dernière pour vos enfans un Catéchisme d'Agriculture. Je trouve la récompense de mon travail, dans le plaisir que j'ai de le consacrer à votre utilité, dans la vie douce & paisible que me procure mon séjour au milieu de vous, & dans l'avantage que me donne mon Ministere de joindre à ces Leçons, celles qui vous apprennent à sanctifier les peines de votre état, en remplissant exactement les devoirs d'une Religion consolante, d'une Religion qu'il faudroit inventer s'il n'en existoit pas, bien loin de travailler à sa destruction. Vous ne serez vraiment heureux, mes bons amis, qu'autant que vous vous attacherez aux grands principes de cette sainte Religion qu'on ne peut attaquer qu'en la calomniant & en lui imputant des abus qu'elle réprouve.

Recevez, mes bons amis, l'offre de l'estime & de la vénération dont je suis pénétré pour vos utiles travaux, & du désir que j'ai de vous les voir sanctifier par des mœurs simples & religieuses.

Votre Pasteur.

Montmorenci 18 Juillet 1791,

PRÉFACE.

Un accident arrivé à quelque
distance de Montmorenci le seize
Mai dernier, où deux jeunes filles refugiées sous un arbre, furent
frappées de la foudre & privées de
la vie ; les accidents fréquents qui
résultent soit de la vapeur mortelle
du charbon embrâsé, soit des cuves
en fermentation, soit de la morsure
des viperes assez communes dans
notre forêt de Montmorenci, &
dont je viens encore de voir un
exemple tout récent : ces motifs
sont sans doute bien suffisants pour

m'intéresser au sort des utiles habitants de la Campagne, & pour
m'engager à leur procurer quelques
instructions propres à les éclairer
sur les dangers auxquels ils sont
exposés. On a déjà publié des *Ca-*
téchismes, des *avis au Peuple*, des
avis patriotiques sur cette matiere;
M. *Gardane* & sur-tout M. *Pia*,
ont rendu des services importans à
la Société en ce genre. Tout le
monde connoît le bel établissement
formé à Paris en faveur des Noyés,
établissement dont on est redevable à l'humanité & au zele de
M. *Pia* & qu'il soutient par son
activité & son désintéressement;
mais les ouvrages utiles publiés par
ces Messieurs ne sont point connus
dans les Campagnes. Il falloit donc

un ouvrage qui eut tout-à-la fois
& la briéveté & la clarté néceffaires, pour inftruire l'habitant de
la Campagne fans le furcharger.
J'ai réuffi quant à la briéveté, ai-
je eu le même fuccès quant à la
clarté ? j'attends là deffus le fuf-
frage de ceux à qui je deftine
ce petit Catéchifme. Je croirai
avoir touché au but, s'ils en reti-
rent l'utilité que j'ai eu en vue en
le compofant.

Qu'il me foit permis de faire re-
marquer que les accidents fréquents
qui réfultent de l'ignorance où font
les habitants des Campagnes fur
les dangers du tonnerre dans certaines circonftances, devroient bien
engager Meffieurs les Curés à joindre aux inftructions morales qu'ils

leur font, quelques avis fur les précautions néceffaires à la confervation de leur fanté & même de leur
vie. Affurément ce ne feroit pas dé-
grader la chaire de vérité, qui eft
auffi la chaire de la charité, fi un
Pafteur prévenoit de tems en tems
fes brebis fur le danger de fe réfugier
fous des arbres, près des meules de
foin ou de bled, ou bien de courir
pour fe mettre à l'abri de la pluie
lorfqu'il tonne : s'il leur en déve-
loppoit les raifons d'une maniere
claire & proportionnée à leur intelligence. Ne pourroit-il pas auffi leur
donner des avis fur le foin qu'ils doivent avoir dans les chaleurs de mêler un peu de vinaigre à l'eau qu'ils
boivent, pour prévenir les maladies
inflammatoires & putrides ; fur le

danger des cuves en fermentation, de la vapeur du charbon & même de la braise de boulanger, dont on se défie moins, quoiqu'elle soit aussi pernicieuse , &c. Sur les secours qu'on doit administrer soit à ceux qui sont asphyxiés, c'est-à-dire, qui sont dans un état apparent de mort, occasionné par ces vapeurs , soit aux noyés ? la charité est l'ame de la Religion ; un Pasteur ne fera donc jamais rien de déplacé, tant que cette vertu sera la regle de sa conduite, & si elle doit s'exercer principalement à l'égard de l'ame, elle ne doit pas négliger non plus le bien-être corporel.

C'est d'après cette réfléxion que j'ai rédigé le petit Catéchisme que j'offre aujourd'hui aux habitants de la Campagne. Puiſſe mon exemple engager Meſſieurs les Curés à témoigner à leurs Paroiſſiens le vif intérêt qu'ils prennent à tous leurs beſoins ſpirituels & temporels. Les fruits du Miniſtere ſont en grande partie fondés ſur la confiance que les brebis ont dans leur Paſteur ; plus il leur donnera de preuves de ſa charité & de l'intérêt qu'il prend à tout ce qui les regarde, plus il ſe les attachera, & plus il aura de facilité à leur faire goûter les vérités du Salut ; cette ſemence germera dans leur cœur & fructifiera avec le ſecours de celui qui ſeul peut lui donner l'accroiſſement.

CATÉCHISME

A L'USAGE DES HABITANTS

DE LA CAMPAGNE,

Sur les dangers auxquels leur santé & leur vie sont exposées, & sur les moyens de les prévenir & d'y ré-médier.

LEÇON PRÉLIMINAIRE.

DEMANDE. Qu'est-ce qu'un Catéchisme?

RÉPONSE. Un Catéchisme est une inf-truction, ordinairement par demandes & par réponses sur différentes matieres.

D. Est-ce que l'on peut faire des Ca-téchismes sur d'autres matieres que sur la Religion?

R. Oui, on en peut faire sur toutes les matieres dont il est important que les

enfants & que les ignorants foient inftruits.

D. Quelles font donc les matieres dont
il eft important que nous foyons inftruits ?

R. Les connoiffances relatives à la Religion , font fans contredit les premieres
qui doivent vous occuper, puifque Dieu
ne nous a créés que pour le connoître ,
l'aimer & le fervir , & par ce moyen
obtenir la vie éternelle.

D. Nous penfions qu'il n'étoit permis
de faire des Catéchifmes que fur la Religion ?

R. Vous penfiez mal , car c'eft certainement entrer dans les vues de Dieu,
que de travailler à le faire connoître par
fes œuvres admirables ; il eft donc permis
de faire des Catéchifmes fur l'Hiftoire Naturelle , par exemple, pour développer
toutes les merveilles de la Nature ; fur
les différentes branches de la Phyfique ,
pour faire connoître les loix que le Créa-
teur a établies en formant l'Univers, & l'u-
tilité que nous avons fû en retirer ; fur le
premier des Arts , l'Agriculture , pour
guider le Cultivateur , & faire fentir l'importance de fes travaux.

D. Peut-on faire auffi des Catéchif-

mes sur des objets qui n'intéressent que
le bien-être du corps, tel que celui que
vous nous donnez?

R. Oui sans doute ; car notre corps est
l'ouvrage de Dieu, & il nous a spécia-
lement chargés de lui conserver la santé
& la vie. C'est donc remplir un devoir
de charité, que de faire connoître aux
personnes qui l'ignorent, les dangers auxquels leur santé & leur vie sont exposées,
& de leur indiquer les moyens de prévenir ces dangers & d'y rémedier.

D. Quels sont donc les principaux dangers auxquels les habitants de la Campagne sur-tout sont exposés ?

R. Ces dangers sont occasionnés par
le tonnerre, par les excès de chaleur &
de froid, par un air vicié, par la chûte
dans l'eau, par les animaux & les plantes venimeuses, par les instruments tran-
chants.

PREMIERE LEÇON.

Sur les dangers occasionnés par le tonnerre.

D. Qu'est-ce que le tonnerre ?
R. Le tonnerre est un des plus beaux

& des plus terribles phénomènes de la Nature dans lequel on diſtingue trois choſes, ſavoir l'éclair, le tonnerre proprement dit & la foudre.

D. Qu'eſt ce que l'éclair.

R. L'éclair eſt cette lumiere vive qui s'élance du nuage entr'ouvert.

D. Qu'eſt-ce que le tonnerre proprement dit ?

R. Le tonnerre eſt ce bruit que nous entendons au-deſſus de nos têtes & qui éclate de mille manieres différentes.

D. Qu'eſt-ce que la foudre ?

R. La foudre eſt cette matiere qui renverſe en un clin d'œil les édifices les plus ſolides, qui brûle & qui fond les corps les plus durs & dont les effets tiennent du prodige, non-ſeulement par leur grandeur, mais encore plus par leur ſingularité.

D. Lequel de ces trois effets du tonnere eſt le plus à craindre ?

R. L'effet le plus à craindre eſt la foudre, & c'eſt cependant celui qui effraye le moins, parce qu'il eſt le moins ſenſible.

D. Eſt-ce que l'éclair n'eſt pas à craindre ?

R. L'éclair bien loin d'être à craindre, eft au contraire ce qui doit raffurer, puifqu'il ne paroît que lorfque l'explofion eft faite, & que la foudre eft tombée ; car fi on avoit été atteint de la foudre on n'auroit pas vû l'éclair.

D. Vous conviendrez au moins que le bruit eft effrayant ?

R. Le bruit n'eft pas plus effrayant que celui que produit un coup de canon , puifque dans l'un & l'autre cas, il eft occafionné par une violente percuffion que l'air éprouve, & dont le premier choc fe répete & fe propage par le moyen des échos : je ne vois donc en cela qu'un effet majeftueux bien loin d'être effrayant. Ce bruit même doit raffurer, puifque fi on eût été frappé de la foudre, on ne l'auroit point entendu.

D. Donnez-moi donc une comparaifon qui me faffe bien comprendre ces effets & qui me raffure ?

R. Vous entendez tirer de loin un coup de fufil dans l'obfcurité ; vous voyez la lumiere de l'amorce, vous n'entendez le coup qu'un inftant après : l'animal contre lequel la charge du fufil étoit dirigée n'a ni vû la lumiere, ni entendu le coup, puifqu'il avoit reçu cette charge avant que la lumiere & le coup fuſſent fenſibles. Lors donc que vous voyez l'éclair & que vous entendez le tonnerre, vous êtes bien ſûr que la foudre qui a occaſionné ce coup ne vous atteindra pas.

D. Mais j'ai lieu de craindre d'être atteint par le coup ſuivant ?

R. Votre crainte eſt plus ou moins fondée, ſelon que la nuée eſt plus ou moins éloignée, & ſelon que vous prenez plus ou moins de précautions pour vous en mettre à l'abri.

D. A-t-on des moyens de connoître à peu-près la diſtance de la nuée ?

R. Oui, on peut connoître cette diſtance, par l'intervalle de tems plus ou moins long qui s'écoule entre le moment où l'on voit l'éclair, & celui où l'on entend le coup. Si l'éclair & le coup partent enſemble, la nuée eſt très proche, ſi le coup ne ſe fait entendre que 14 ſecondes, par exemple, après l'apparition de l'éclair, on en conclud que la nuée eſt à une lieue de diſtance. Ainſi en comptant le nombre de ſecondes, ou de pulſations du pouls entre l'éclair & le coup, on ſaura à-peu près à quelle diſtance eſt la nuée.

D. Ce calcul fondé fur les battemens du pouls eft-il bien fûr ?

R. Oui ce calcul eft fûr, fi le pouls eft réglé., car le pouls bien réglé d'une perfonne en fanté bat les fecondes. Il n'en fera pas de même fi c'eft le pouls d'un enfant, ou bien celui d'une perfonne qui a la fievre ou qui eft effrayée par la peur ; dans ces différens cas, le mouvement du pouls eft accéléré, & au lieu de faire 60 pulfations en une minute, il en fait 70, 80 & même plus.

SECONDE LEÇON.

Sur les précautions que l'on doit prendre, lorfqu'il tonne.

D. QUELLES font les précautions que l'on doit prendre pour éviter autant qu'il eft poffible les dangers de la foudre ?

R. Il y en a plufieurs.

D. Quelle eft la premiere ?

R. La premiere précaution que l'on doit prendre, c'eft de-ne pas courir, foit que l'on foit à pied, foit que l'on foit à cheval ou en voiture.

D. Pourquoi eft-il dangereux de courir lorfqu'il tonne ?

R. Parce qu'en courant, vous ébranlez l'air, il se forme un courant derriere vous, de la même maniere qu'une barque fait un courant derriere elle dans le canal, dans la riviere où elle vogue. La nuée qui est fort légere suit le courant d'air, ce qui vous met en danger d'être atteint par la foudre qui en sort.

D. Quelle est la seconde précaution ?

R. La seconde précaution que l'on doit prendre, c'est d'éviter de se mettre à l'abri de la pluie soit sous un arbre, sur-tout s'il est isolé au milieu d'une Campagne, soit auprès des meules de foins ou de grains, soit dans le voisinage d'une Eglise ou de quelqu'autre grand édifice élevé, principalement quand il est surmonté par des corps terminés en pointe, comme les clochers, les tourelles.

D. Pourquoi le voisinage des arbres, des meules de foin ou de grains, des édifices terminés en pointe est il dangereux ?

R. Ce voisinage est dangereux, parce que les arbres, les masses de végétaux isolés dans une Campagne, les édifices terminés en pointe, ont la propriété d'attirer la foudre, ainsi que l'eau & les corps qui contiennent beaucoup d'humidité, comme lès arbres & les amas de plantes ; auffi voit-on plus fouvent tomber la foudre dans les bois, dans l'eau, fur les édifices terminés en pointe, comme les clochers, que par-tout ailleurs.

D. Il eft donc dangereux d'élever des pointes fur les maifons, les édifices ; cependant nous en voyons beaucoup à Paris & dans les environs ?

R. Ces pointes qui portent le nom de paratonnerres & de conducteurs électriques font établies de façon qu'elles ont la propriété de foutirer la matiere du tonnerre ou la matiere électrique de la nuée, & de la conduire par le moyen de verges de fer qui regnent le long des édifices, jufques dans la terre humide où elle fe perd.

D. On eft donc en fûreté dans une maifon qui eft furmontée par des paratonnerres ?

R. Je penfe que ces paratonnerres fervent plutôt à tranquillifer l'imagination, qu'à préferver réellement de la foudre : en effet que peuvent une ou deux pointes, contre un amas auffi immenfe d'électricité ou de matiere électrique contenues dans la nuée, dans l'atmofphere, dans les corps environnants ? il arrive cependant quelquefois qu'ils produisent l'effet qu'on en attend. Mais il ne faut pas s'y fier, à moins qu'il ne soit prescrit par une loi générale de placer des paratonnerres fur-toutes les maisons.

D. Si l'on ne peut ni courir, ni chercher le voisinage des arbres, des meules ou des édifices pour éviter la pluie, comment donc s'en mettre à l'abri, lorsqu'on est en pleine campagne ?

R. Il vaut mieux dans ce cas là se laisser mouiller, que de risquer d'être tué ?

TROISIEME LEÇON.

Suite des précautions que l'on doit prendre, lorsqu'il tonne.

D. A QUELS signes peut-on reconnoître que l'orage est plus ou moins dangereux ?

R. L'orage est dangereux, lorsqu'il est précédé d'un grand calme dans l'air, & que le tonnerre gronde fans pluie ; mais lorsque le vent s'éleve, & que la pluie devient abondante, l'orage est moins danreux.

D. Pourquoi l'orage est-il alors moins dangereux ?

R. Parce que le vent chaffe & difperfe les nuées, & que la pluie décharge le nuage de la matiére électrique ou de la matiere du tonnerre qu'il contenoit.

D. N'a-t-on à craindre que la foudre qui fort de la nuée?

R. Il eft prouvé que la foudre part quelquefois auffi de la terre, parce qu'il y a des circonftances qui déterminent la matiere électrique contenue dans la terre à en fortir avec violence, & malheur à ce qui fe rencontre fur fon paffage. -

D. Quelle preuve a-t-on que la foudre fort auffi de la terre?

R. On le prouve 1°. par la direction des éclairs que l'on voit affez fouvent s'élancer de la terre, en même temps qu'il en fort d'autres de la nuée; 2°. par l'effet que la foudre produit quelquefois fur les arbres qui en font frappés. On remarque que le courant de la matiere à tonnerre s'eft dirigé de la racine vers le tronc, en foulevant le gazon, & que fon effet s'eft arrêté à la naiffance des branches; nouvelle raifon pour s'éloigner des arbres ifolés lorfqu'il tonne, ainfi que du voifinage des endroits humides, des pieces d'eau, &c.

D. Quelle eft la troifieme précaution

qu'on doit prendre, pour éviter le danger de la foudre ?

R. La troisieme précaution consiste à bien se garder de sonner les cloches avant & pendant l'orage.

D. Cependant, on les sonne, dit-on, pour éloigner l'orage ?

R. Il n'y a que des ignorants qui puissent dire que le son des cloches éloigne l'orage ; si la nuée est loin du clocher, le son des cloches en ébranlant l'air, y forme des courants, & détermine souvent la nuée à suivre ces courants ; si la nuée est au-dessus du clocher, il arrive presqu'infailliblement qu'elle creve sur l'Eglise ; d'ailleurs les cloches par leur nature, les clochers par leurs pointes attirent déja assez le tonnerre, sans le provoquer encore par le mouvement & le son des cloches.

D. Ce danger est-il aussi réel que vous le dites ?

R. Il est si réel, qu'il n'y a presque pas d'années qu'il ne résulte quelqu'accident de cette manie de sonner les cloches pendant l'orage ; les sonneurs en sont ordinairement les victimes ; & souvent l'Eglise est incendiée. C'est un fait connu en Bretagne que dans une étendue de plus

fieurs lieues qui renfermoit un certain nombre de Paroiffes, le tonnerre, pendant un
orage confidérable, tomba fur toutes les
Églifes où l'on fonnoit, & épargna celles
où l'on ne fonnoit pas, quoiqu'elles fe trou-
vaffent fituées entre des Paroiffes où l'on
fonnoit. (Voyez *Hiftoire de l'Académie
Royale des Sciences, année 1719, page 21.*)

D. Pourquoi donc lorfqu'on eft en mer,
fait-on une décharge des canons du vaif-
feau, pour diffiper l'orage ?

R. L'ébranlement de l'air occafionné
par une décharge de canon eft fubit, &
n'eft point comparable à celui qui réfulte
du fon des cloches ; il eft fi violent, qu'il
doit néceffairement repouffer la nuée à une
très-grande diftance.

D. Quelle eft la quatrieme précaution
que l'on doit prendre lorfqu'il tonne ?

R. La quatrieme précaution confifte à
fermer les fenêtres des appartements, &
fur-tout d'éviter de ténir en même-tems
les fenêtres & les portes ouvertes, parce
qu'en général tout ce qui contribue a établir des courants d'air eft dangereux.

D. N'y a-t-il pas encore d'autres précautions à prendre ?

R. Oui, fi l'on a fes habits mouillés,

il faut les quitter, ſi l'on peut, pour en
prendre de ſecs, les dorures que portent
les riches ſur leurs habits, les bijoux d'or
ou d'argent, les fils d'archal conducteurs
de ſonnettes dans les appartements; en un
mot, les métaux & l'humidité attirent ſin-
guliérement le tonnerre.

D. Eſt-il vrai que les feux connus ſous
le nom de *furoles* ſont à craindre, parce
qu'ils conduiſent dans l'eau?

R. L'apparition de ces furoles n'eſt pas
plus à craindre que la lumiere d'une fuſée
volante vue dans l'obſcurité : comme ces
feux ou furoles s'élevene ſouvent des endroits humides ou féconds en exhalaiſons
ou plutôt en air qui a la propriété de
s'enflammer, tels que les cimetieres & les
marais, ils indiquent bien ces endroits humides ou remplis de corps morts. Mais
c'eſt une folie de croire ou qu'ils conduiſent à l'eau, ou que ce ſoit des ames qui
reviennent; tous ces revenants dont on
parle tant n'exiſtent que dans l'imag'nation
de ceux qui y croyent; ou dans l'expié-
glerie ou la mechanceté & les mauvais
deſſeins de ceux qui veulent intimider les
perſonnes foibles & crédules par ce mané-
ge; il faut donc éviter d'en entretenir les
enfaits. QUATRIEME

QUATRIEME LEÇON.

*Sur les dangers qui résultent d'un excès
de chaleur & de froid, & sur les
moyens d'y remédier.*

D. Qu'entendez-vous par la chaleur ?

R. J'entends par la chaleur, cette température de l'air qui ouvre les pores de notre corps, & qui excite en eux une transpiration plus ou moins abondante.

D. Cette transpiration peut-elle être nuisible à nos corps ?

R. Lorsque la chaleur est modérée, & qu'elle n'excite qu'une légere transpiration, elle est favorable au corps ; mais lorsqu'elle est excessive, elle peut devenir la cause de maladies très-sérieuses. En général, l'extrême au physique & au moral, dans le bien comme dans le mal, ne peut produire que de mauvais effets.

D. Quels sont les inconvénients qui résultent d'une forte chaleur, & de la trop grande transpiration qu'elle excite ?

R. Ces inconvénients sont 1°. la suppression de la transpiration qui peut être occasionnée par le courant subit d'un air

B

froid ; 2°. le trop grand refroidiffement intérieur, que caufent des boiffons trop froides.

D. Comment peut-on rémédier à ces inconvénients ?

R. 1°. Pour prévenir la fuppreffion de la tranfpiration, il faut avoir foin de fe vêtir, quelque grande que foit la chaleur qu'on éprouve, dans le moment où l'on ceffe de travailler & d'être en action ; & de ne point s'expofer à un courant d'air froid ; éviter fur-tout de fe trouver entre deux airs, par exemple, entre une porte & une fenêtre ouvertes ; 2°. pour prévenir les maladies qui réfultent d'un trop grand refroidiffement intérieur, il faut éviter, lorfque la tranfpiration eft forte, de boire des liqueurs ou de l'eau trop froides, avoir foin de ne point boire d'eau pure, & d'y mêler toujours un peu de vinaigre.

D. Quelle eft la propriété du vinaigre ?

R. La propriété du vinaigre, eft de prévenir les maladies occafionnées par la fermentation des humeurs, d'où réfultent les fievres putrides, les fluxions de poitrine, les pleurefies, &c.

D. Dans quelle proportion doit-on mêler le vinaigre à l'eau ?

R. Il suffit de mettre un bon verre de vinaigre, dans un vase qui contient trois ou quatre pintes d'eau mesure de Paris.

D. Le vin ne pourroit-il pas suppléer au vinaigre ?

R. Outre que le vin est plus cher que le vinaigre, il n'y suppléeroit qu'imparfaitement, parce que le vinaigre a une qualité antiputride, que le vin n'a pas au même dégré.

D. Qu'entendez-vous par le froid ?

R. Le froid est cette température dont l'effet est de resserrer les pores du corps, de diminuer beaucoup sa transpiration, & de concentrer la chaleur & les humeurs dans son intérieur.

D. Le froid est-il toujours nuisible ?

R. Non, le froid n'est nuisible que lorsqu'il est excessif, car lorsqu'il est modéré, il est favorable à la santé ; on ne se porte jamais mieux, & l'on n'éprouve jamais plus d'appétit que dans les tems de gelée. On remarque aussi que les habitants des pays froids sont moins sujets aux maladies & vivent plus longtems que ceux des pays chauds.

D. A quels dangers nous expose donc un froid excessif ?

R. Un froid exceffif nous expofe à avoir des membres gelés ; & fi l'on ne prend pas de précaution, les membres deviennent gangrénés & tombent en pourriture fi on ne les coupe pas.

D. Quelles font les précautions que l'on doit prendre lorfqu'on a quelque membre gelé ?

R. Il faut bien fe donner de garde de les approcher du feu, on s'expoferoit infailliblement à les perdre. On doit au contraire les faire dégeler peu-à-peu dans de la neige, s'il y en a, dont la température n'eft jamais beaucoup au-deffous du terme de la congélation. S'il n'y a pas de neige, on plongera le membre gelé dans un fceau d'eau de puits nouvellement tiré, & placé dans un lieu ou elle conferve à peu-près la même température qu'elle avoit en fortant du puits.

D. Ce remede que vous nous indiquez, eft-il le feul qu'on doive employer ?

R. Non, il fuffit bien pour dégeler le membre malade, mais comme l'effet de la gelée fur nos membres, eft d'altérer leur organifation intérieure, il faut avoir recours à d'autres remedes qui feront indiqués par un chirurgien éclairé.

CINQUIEME LEÇON.

Sur les dangers auxquels on est exposé dans un air vicié, par des vapeurs & des exhalaisons qui l'altèrent, & sur les moyens d'y remédier.

D. Qu'est-ce que l'air?

R. L'air est cet élément que nous respirons, & qui est toujours plus ou moins mêlangé d'eau, de vapeurs & d'exhalaisons qui s'élevent de la terre.

D. L'air pur & sans aucun mêlange d'eau & de vapeurs n'est-il pas le plus sain?

R. L'air absolument pur & sans aucun mêlange de vapeurs ne seroit pas plus propre à la respiration que celui qui contiendroit des exhalaisons dangereuses.

D. Quelles qualités doit donc avoir l'air, pour être propre à la respiration?

R. Il faut qu'il tienne toujours en dissolution une certaine quantité d'eau pour lui donner un dégré d'élasticité convenable, & pour rafraîchir nos poumons; il faut aussi qu'il ne soit ni trop léger, comme sur les hautes montagnes, ni trop épais,

comme dans les plaines marécageuses.
Ainsi l'air d'une montagne médiocrement
élevée, est celui qui convient le mieux.

D. Quelles font les caufes qui altèrent
la pureté & le reffort de l'air?

R. Ces caufes font 1°. les exhalaifons
qui s'élevent de certaines mines, des
Marres, des Cloaques; 2°. les vapeurs
fulfureufes qui fe dégagent du charbon ou
de la braife de boulanger allumée dans
un endroit clos; 3°. les exhalaifons du
vin, de la bierre ou d'autres liqueurs en
fermentation. 4°. Celles que produifent
notre tranfpiration, notre haleine, lorfque nous fommes renfermés en grand
nombre dans un même lieu clos, celles
des corps en putréfaction. 4°. La fumée
d'un trop grand nombre de chandelles
concentrées dans un petit endroit; 6°. La
trop grande chaleur des poeles, &c.

D. Comment ces différentes caufes
dont vous venez de parler peuvent-elles
altérer la pureté de l'air?

R. Ces caufes altèrent la pureté de l'air;
1°. Parce que toutes ces vapeurs & ces
exhalaifons entrant avec l'air dans nos
poumons, doivent néceffairement y cau-
fer des défordres & rendre la refpiration

difficile ; 2°. Elles diminuent le reffort de l'air, & le rendent par conféquent moins propre à la refpiration.

D. A quels fymptômes reconnoît-on les mauvais effets d'un air vicié ?

R. On les reconnoît aux fymptômes fuivants : lors, par exemple, que l'on eft renfermé dans un endroit clos où fe trouve du charbon ou de la braife de Boulanger allumé, la tête s'embarraffe, on éprouve des vertiges, des maux de cœur, le fang fe porte à la tête, le vifage s'enflamme, on ne tarde pas à tomber fans connoiffance, fi on n'a pas foin de fortir, on éprouve une efpece de fommeil qui devient celui de la mort, fi l'on n'eft pas promptement fecouru.

D. Quels font les premiers fecours qu'on doit adminiftrer à une perfonne dans cet état ?

R. On doit la fortir promptement de la chambre où elle s'eft trouvée mal, l'expofer en plein air, quelque froid qu'il foit, la dépouiller de fes vétemens, afin que rien ne puiffe gêner la refpiration ni le contaêt de l'air qui fuffit fouvent feul pour la rappeller à la vie ; s'il ne fuffit pas, on placera la perfonne fur une chaife

basse toujours à l'air , on lui jettera au
visage pendant des heures entieres , s'il
le faut , des verres d'eau , on aura soin
de lui couvrir la poitrine afin que l'eau
qui coule n'occasionne pas un trop grand
refroidissement ; on la frottera avec des
linges chauds , on tachera de lui faire
avaler un peu d'eau , on lui placera sur
la langue une pincée de sel de cuisine.
Si les secours sont administrés promptement & avec persévérence , on jouira du
plaisir bien doux de voir le malade donner des signes de vie ; on appellera alors
un Chirurgien , si on n'a pu le faire plutôt , pour consolider sa guérison.

D. Ces secours ne sont-ils propres
qu'aux accidents causés par la vapeur du
charbon ?

R. Ils conviennent aussi à ceux qui ont
été suffoqués par l'effet du tonnerre , par
la vapeur des cuves de vin ou de bierre
en fermentation , par les émanations qui résultent de l'ouverture des puits , des cloaques , des fosses d'aisances , par le mauvais
air qu'on respire dans les endroits dont l'air
est vicié par la fumée des chandelles , par
la transpiration d'un grand nombre de personnes réunies , par la trop forte chaleur
d'un poële, &c.

D. N'y a-t-il pas des moyens de prévenir les mauvais effets d'un air vicié ?

R. Oui. Il faut avoir foin pour cela de
ménager des ouvertures dans le haut des
falles ou des Eglifes où fe réuniffent un
grand nombre de perfonnes, afin de don-
donner iffue aux exhalaifons. Si l'on eft
obligé de fe fervir de braife ou de charbon allumé, on aura l'attention de placer
au-deffus de la poële qui contient ces matieres embrâfées, une terrine pleine d'eau
qu'il n'eft pas néceffaire de faire bouillir,
& que l'on renouvellera à mefure qu'elle
s'évaporera. L'eau en fe réduifant en vapeurs, fe mêle avec l'air, & lui rend l'é-
lafticité que la vapeur du charbon lui avoit
fait perdre. On aura auffi la précaution de
mettre une pareille terrine pleine d'eau fur
fur les poëles où de fonte ou de fayence,
dont on fe fert pour échauffer les appartements, fur-tout s'ils font petits, & l'on
veillera à ce que le poële ne foit pas
pouffé trop fort. Si on éleve des lapins,
on ne les placera ni près des endroits que
l'on habite, ni dans des lieux fouterrains,
le mieux eft de les mettre fous des han-
guards ou dans des greniers.

D. Quels font les moyens que l'on

peut employer pour purifier l'air d'un lieu infecté ?

R. On peut désinfecter un lieu 1°. en brulant du genievre; 2°. en arrosant avec du vinaigre dans lequel ou aura fait infuser des plantes aromatiques, telles que la lavande, le thim, le romarin; ou bien on étendra ces plantes sur le pavé après les avoir fait infuser dans le vinaigre; 3°. on pourra faire bruler du souffie, mais on évitera d'en respirer la vapeur, car elle est mortelle; 4°. on lavera les murs avec un lait de chaux vive.

SIXIÉME LEÇON.

Sur les secours qu'on doit administrer aux Noyés, sur les moyens d'arrêter l'effet du venin des animaux & des plantes, & de guérir les plaies occasionnées par la coupure d'un instrument tranchant.

D. VOUDRIEZ-vous me dire qu'elle est la cause de la mort des Noyés ?

R. La mort des Noyés est occasionnée par la suppréssion de l'air, d'où résulte une suffocation & un engorgement dans les vaisseaux, de maniere que le sang porte

à la tête & produit une espéce d'apople-
xie ; Voilà pourquoi leur visage est ordinairement enflammé, & leurs yeux sont
souvent hors de la tête.

D. Je croyois que les Noyés périssoient
par la quantité d'eau qu'ils avaloient ?

R. Vous vous trompiez, car les Noyés
avalent très-peu d'eau, & il est impossible qu'ils en avalent beaucoup, puisque la
suffocation qu'ils éprouvent, ferme absolument le passage à l'eau qui tendroit à
entrer dans l'estomac.

D. Pourquoi donc recommande-t-on
de les suspendre, au sortir de l'eau, les
pieds en haut & la tête en bas, si ce
n'est pour faciliter la sortie de l'eau qu'ils
ont avalé ?

R. Cette méthode cruelle de les suspendre ainsi, bien loin de les rappeller à
la vie, est plutôt capable de la leur ôter,
s'il leur en reste encore.

D. Quels sont donc les secours qu'on
doit leur administrer ?

R. On doit, aussi-tôt qu'ils sont sortis
de l'eau, les coucher sur le côté, les
essuyer avec des linges chauds, leur souf-
fler de la fumée de tabac dans les narines, leur en donner aussi en lavement,

chatouiller l'intérieur des narines avec des morceaux de papier roulé, les frotter avec de la flanelle, les rechauffer peu-à-peu, & lorsqu'ils commencent à donner quelques signes de vie, les coucher dans un lit baffiné & les tenir chaudement ; ces fecours qu'il eft quelquefois néceffaire de continuer pendant plufieurs heures, doivent, autant que l'on peut, être dirigés par un Chirurgien ou par un homme de l'art qui décidera des cas où la faignée & les vomitifs peuvent être néceffaires.

D. A qui eft-on redevable de cette méthode de traiter les Noyés ?

R. On en eft redevable à un excellent Citoyen, (M. *Pia*, ancien Echevin de Paris), qui a confacré & qui confacre encore tous les jours à cette bonne œuvre fon tems & une partie de fa fortune. Il a imaginé pour cela des inftrumens propres à donner des lavemens de tabac. Ces inftrumens, ainfi que toutes les chofes néceffaires au traitement des Noyés, font renfermés dans une boëte appellée *boëte-entrepôt* qui fe trouve dans tous les Corps-de-garde établis à Paris le long de la riviere, ainfi que dans les différentes Villes & Campagnes, voifines de l'eau où l'on s'eft procuré cette boëte.

D. A-t-on réussi par cette méthode à sauver beaucoup de Noyés?

R. Il n'y a pas d'année, qu'on n'en sauve un très-grand nombre qui auroient péri sans ces secours; d'où l'on doit conclure qu'avant la formation de cet établissement utile, on a traité comme morts une infinité de Noyés qui ne l'étoient réellement pas, ou bien on achevoit de les tuer par les secours mal-entendus qu'on leur donnoit.

D. L'inventeur de ces secours qui sauvent tant de Noyés, a donc rendu un grand service à l'humanité?

R. Oui sans doute, & la seule récompense qui flatte cette honnête Citoyen, c'est le plaisir de s'être rendu utile à ses semblables, & de pouvoir annoncer chaque année le nombre des Victimes qu'il a arrachées d'entre les bras de la mort.

D. Nous sommes quelquefois exposés a être piqués ou mordus par des bêtes vénimeuses, quel est le reméde le plus efficace contre ces piqûres & ces morsures?

R. Les piqûres de cousin & d'abeilles se guérissent promptement, si on a soin de n'y pas toucher malgré les démangeaisons qu'elles occasionnent. Les morsures

de couleuvres ne font point dangereufes ;
car la couleuvre n'eft pas vénimeufe ; il
n'en eft pas de même des viperes affez
communes dans certains pays , & qui fe
rencontrent auffi dans notre forêt de Montmorenci. Sa morfure eft fuivie d'une en-
flure confidérable, de vomiffement. Le remede le plus efficace contre ce venin, c'eft
l'eau de Luce , dont chaque Curé devroit
être pourvu ; on en fait avaler quelques
gouttes dans un bouillon au malade cou-
ché & bien couvert , elle excite la tranfpiration , on applique auffi fur la plaie des
compreffes inbibées de cette eau.

D. Quels fecours doit on adminiftrer
aux perfonnes qui ont mangé de mauvais
champignons ou d'autres plantes vénimeu-
fes , comme la cigue , la pomme-épineufe ,
la jufquiame , la bella-dona , &c.

R. Il faut leur faire avaler du lait ou
de l'huile ; ces liqueurs ont la propriété
d'arrêter l'activité du poifon , on adminif-
tre auffi un vomitif pour débarraffer l'eftomac.

D. Lorfque nous avons le malheur de
nous couper avec un inftrument tranchant,
quel eft le premier appareil que nous pou-
vons mettre fur la plaie ?

R. Il faut avoir foin de bien laiffer fai-
gner la plaie, la laver avec de l'eau, ap-
pliquer enfuite deffus une feuille ou de
plantain, ou de mille-feuille, ou de fang-
dragon, ou de lierre terreftre ou d'herbe
fainte barbe que l'on nomme encore herbe
au charpentier, ou d'orpin appellée auffi
joubarbe des vignes ; cette derniere plante
fur-tout dont on applique tous les jours
une nouvelle feuille, fuffit pour guérir en
très-peu de tems des plaies confidérables
occafionnées par des coupures.

D. Ces plantes font-elles communes ?

R. Oui. La Providence qui veille d'une
maniere particuliere fur l'habitant de la
Campagne, a beaucoup multiplié, & a
placé fous fa main les plantes dont il a
le plus de befoin ; c'eft ce qui doit l'engager à la bénir fans ceffe, & à faire ufage
de fes dons avec reconnoiffance.

F I N.

Montmorenci, le 17 Juillet 1792.

TABLE

des Matieres traitées dans ces Leçons.

Fin de la Table des Matieres.

OBSERVATIONS

qui m'ont été communiquées, fur le *Catéchifme à l'ufage des Habitants de la Campagne.*

1re. OBSERVATION. *Sur les Paratonneres*, p. 19. Les Edifices armés de conducteurs conftruits felon les régles, doivent infpirer de la confiance. S'il n'exifte point de faits avérés qui prouvent que de tels édifices ont néanmoins été frappés de la foudre.

2de. OBSERVATION, *fur l'ufage du vinaigre dans les chaleurs, pag. 27.* Il ne faut point fixer la quantité de vinaigre à mettre dans l'eau pour l'aciduler, puifqu'il eft tel vinaigre dont un verre ne fauroit aciduler quatre pintes d'eau, il vaudroit mieux prefcrire de faire le mêlange en telle proportion, que l'eau en acquierre une acidté agréable.

3me. OBSERVATION. *Sur les moyens de rappeller les afphixiés à la vie, pag. 31.* La crainte d'innonder la poitrine de l'afphixié, ne doit pas engager à la couvrir; le refroidiffement que l'eau occafionne eft fi néceffaire pour revivifier ceux fur-tout que la vapeur du charbon ou le ferment du vin a jetté en afphixie, qu'on ne doit jamais craindre de le rendre trop grand dans le premier moment, & qu'on ne doit fonger à rechauffer l'afphixié, qu'après s'être apperçu qu'on a fuffifamment réveillé le fentiment par le froid, que le patient a donné figne de vie; procédé bien différent de celui à adminiftrer aux noyés.

4me. **Observation**. *Sur les mauvais effets de l'air vicié*, pag. 33. Les lapins réunis ne sont pas les seuls animaux qui vicient l'air, la réunion des animaux domestiques tels qu'ils soient dans un endroit trop resserré, produit le même effet.

5me. **Observation**, *sur les secours à donner aux empoisonnés par les champignons & les plantes vénéneuses, &c.* Au lieu de leur faire avaler du lait, ou de l'huile, il est reconnu qu'il faut débuter par les faire vomir avec un émétique quelconque, (l'eau de chou peut être employée), & après avoir ainsi dégagé leur estomac, les innonder d'oxicrat, d'eau acidulée ; les poisons végétaux n'ayant pas de plus sûr antidote que les acides.

Extrait d'une lettre que m'a écrit en Octobre 1792 style vulgaire, le Cit. LAMOTHE, alors Docteur en Médecine, à Bordeaux, & Membre de l'Académie de cette Ville.

6me. **Observation**, il est bon d'avertir les Habitans des Campagnes & sur tout les Enfants, du danger qu'ils courent de perdre la vue, ou du moins de l'affoiblir, en s'amusant à considérer les nuages orageux, & les éclairs très-vifs.

Extrait d'une lettre que j'ai reçue dans le même tems du Cit. BUISSART, alors Membre de l'Académie d'Arras.

OUVRAGES
ÉLÉMEMTAIRES

Sur l'Histoire Naturelle, la Physique, &
l'Agriculture, à l'usage des Enfants
& des jeunes gens.

Par le Citoyen C O T T E, *Observateur
Météorologiste.*

1°. **L**eçons Elémentaires d'Histoire
Naturelle, par Demandes & par Réponses, à l'usage des Enfants, vol. *in*-12,
de 170 pag. à Paris, chez *Barbou* freres,
rue des Mathurins, 1792, deuxiéme Edit.
prix broché 1 liv. 5 sols.

« Ce livre manquoit à la premiere édu-
» cation, dit *Desbois de Rochefort*, qui
» a été le Censeur, de la 1re. Edit. & l'âge
» pour lequel il est destiné en tirera le
» plus grand profit, par l'exactitude, la

(44)

» clarté, la précifion des connoiffances
» qui y font expofées. Ce Catéchifme
» d'Hiftoire Naturelle aura le double
» avantage d'intéreffer l'enfance par le
» fpectacle varié, toujours nouveau, tou-
» jours merveilleux de la nature, & d'ex-
» citer pour fon Auteur les fentiments de
» la reconnoiffance & de l'amour le plus
» parfait ». Nous ajouterons que le fuccès
a confirmé ce jugement du Cenfeur ; non-
feulement cet Ouvrage eft devenu un Livre claffique dans plufieurs Colleges, on
l'a même répandu dans les Campagnes,
comme un Livre capable de former en
même temps l'efprit & le cœur des jeunes
gens de l'un & de l'autre fexe entre les
mains defquels on l'a mis.

2°. Leçons Elementaires d'Hiftoire
Naturelle, à l'ufage des jeunes gens,
vol. *in*-12. de 440 pag. chez *Barbou* freres,
1787. prix broché 2 liv. 15 f.

Les Leçons contenues dans cet Ouvrage ne font plus par Demandes & par
Réponfes, mais elles fuppofent dans les
jeunes gens auxquels elles font deſti-
nées, les connoiffances acquifes par la

(45)

lecture des Leçons en forme de Catéchifme dont elles font le développement.
Elles ont pour objets, 1°. La *Théorie de
la Terre ;* l'Auteur expofe & réfute les
différens fyftêmes qui ne s'acccordent pas
avec celui qu'il a cru devoir adopter.
2°. La *Minéralogie ;* le Cit. Cotte donne
une idée exacte & précife de tous les
corps naturels qui forment cette Claffe. Il
infifte particuliérement fur ceux qui font
d'une utilité reconnue dans les Arts. 3°.
La *Botanique ;* l'Auteur entre dans le dé-
tail de tout ce qui forme les élémens de
cette fcience, la Végétation, la Seve, les
différentes parties des Plantes, leurs maladies, &c. Il expofe enfuite les principales méthodes qu'on a imaginé pour claffer
les Plantes. 4°. L'*Infectologie ;* c'eft un
abrégé de l'excellent Ouvrage du C. *Geoffroi* fur les Infectes des environs de Paris ;
on apprend ici à connoître les caractères
qui diftinguent les Infectes entre eux. L'hiftoire de leurs métamorphofes & de leur
adreffe pour pourvoir à leur fubfiftance,
de leurs rufes dans les guerres qu'ils fe
livrent. On peut dire de cet Ouvrage qu'il
eft fait dans le même efprit que le premier, & que les jeunes gens ne peuvent

fuivre un meilleur guide pour les introduire dans le Sanctuaire de la Nature,
dont le divin Auteur fera toujours devant
leurs yeux.

3°. Manuel d'Hiftoire Naturelle , ou
Tableau Syftématique des trois Regnes
Minéral , Végétal & Animal , &c. vol.
in·8°. de 180 pages, chez *Barbou* freres,
1787. prix broché 2 liv. 15 f.

Ce Manuel' eft fait pour accompagner
les Leçons à l'ufage des jeunes gens,
cependant il fe vend féparément ; on y
trouve les principales Méthodes publiées
jufqu'ici pour claffer les corps naturels
des trois Regnes : telles font pour la
Minéralogie les Méthodes des C C. *Val-
mont de Bomarre, d'Aubenton & Buffon* ;
pour la Botanique celles des C C. *Tournefort, Linné, la Mark & Bernard de
Juffieu* ; un tableau des claffes, des ordres
& des fections du C. *Tournefort* ; une
table des époques de la feuillaifon, de la
floraifon de plufieurs plantes & arbres,
de la maturité de leurs fruits, de l'apparition & de la difparition des oifeaux de
paffage & des Infectes dans le climat de

Paris ; une table fyftématique des Infectes felon la Méthode du C. *Geoffroi* ;
une table alphabétique des plantes & des
Infectes qui vivent fur les plantes , avec
l'indication du tome , de la page , de la
planche & de la figure des ouvrages des
C C. *Réaumur* & *Geoffroi* , où ces Infectes fe trouvent décrits & gravés. Enfin
une table des noms françois & latins des
genres d'Infectes felon la Méthode du
C. *Geoffroy* , avec la plus grande & la
moindre dimenfion en longueur & largeur des efpeces de chaque genre , & le
nombre des efpeces : on voit par la quantité de chofes contenues dans ce Manuel,
quoique trés-mince & très-portatif, combien il eft précieux aux jeunes gens pour
qui il a été fait & aux Naturaliftes en
général.

4°. Leçons Elémentaires de Phyfique , d'Aftronomie & de Météorologie,
par Demandes & par Réponfes , à l'u-
fage des Enfants, volume *in*-12. de 184
pag. avec des planches en taille-douce ,
chez *Barbou* freres , 1788. prix broché
2 liv.

Ces Leçons qui peuvent servir d'introduction à celles du C. l'Abbé *Nollet*, complétent le Cours d'Histoire Naturelle, & de Physique que le C. *Cotte*, destine à l'instruction de l'enfance & de la Jeunesse. Il a mis à la portée des Enfants les phénomenes relatifs aux différentes propriétés des corps, au mouvement, à la mécanique, à l'air, l'eau, le feu, la lumiere, l'électricité, l'aiman., l'Astronomie & la Météorologie. La clarté & la Méthode qui caractérisent les ouvrages du C. *Cotte*, se retrouvent dans ces Leçons, il a eu soin de saisir toutes les occasions de fixer l'attention de ses jeunes Eleves sur le divin Auteur des merveilles qu'il leur fait connoître, & de leur inspirer les sentimens de respect & d'amour dont il est lui-même pénétré pour la Religion.

Leçons Elémentaires d'Agriculture , par Demandes & par Réponses , à l'usage des Enfants , avec une suite de Questions sur l'Agriculture . la Topographie , la Minéralogie, Vol. *in*-12. de 202. pag. 1790 , à Paris ; chez *Barbou freres , rue des Mathurins*, Prix 1 liv. 5 f.

L'Agriculture , le premier des Arts , puisqu'il est le plus utile , devoit fixer l'attention du Cit. *Cotte* dans le plan d'instructions qu'il avoit formé pour la jeunesse. C'est sur-tout à l'enfance villageoise qu'il destine les Leçons que nous annonçons. Son but est de les mettre en état de lire avec fruit *les Eléments d'Agriculture* du C. *Duhamel.* C'est donc d'après ce grand Maître qu'il expose avec clarté & précision les principes relatifs à la culture des grains , des praires naturelles & artificielles , des racines , des plantes propres à la filature & à la teinture , de la vigne , & des arbres fruitiers. Il parle aussi des soins qu'exigent les abeilles , & des principales maladies de bestiaux. Le Cit. *Cotte* termine ses Leçons par une suite de Questions sur l'Agriculture , la Topographie & la Minéralogie. Son objet est de fixer l'attention des Cultivateurs , & de les mettre en état de procurer aux Sociétés d'Agriculture , les lumieres dont elles ont besoin pour perfectionner la théorie de cette Science , & pour en propager les bonnes pratiques.

Le Cit. *Cotte* a fait paroître chez les mêmes Libraires en Décembre 1790 , & en Mai 1791 , deux brochures *in-4°. fur les poids & mefures,* qui ont été préfentées à l'Affemblée Nationale.

1°. *Vues fur la maniere d'exécuter le projet d'une mefure univerfelle, décrété par l'Affemblée Nationale,* prix 4 f.

2°. *Mémoire fur la comparaifon des opérations relatives à la mefure de la longueur du pendule fimple à fecondes, & à celle d'un arc du méridien, pour obtenir une mefure univerfelle,* prix 6 f.

Le même Auteur a publié un Recueil de *Mémoires fur la Météorologie,* 2 vol. in-4°. avec 29 Planches & nombre de Tableaux ; à Paris, de l'Imprimerie Royale , 1788. Ils fe vendent chez *Gay* & *Gyde*, Libraires, rue d'Enfer, & chez *Barrois* l'aîné, Libraire , Quai des Auguftins. Cet Ouvrage eft la fuite & le Supplément du *Traité de Météorologie* que le Cit. *Cotte* a fait imprimer auffi à l'Imprimerie Royale en 1774. un vol. *in-4°.* qui fe vend chez *Nyon* l'aîné, rue du Jardinet, & chez *Barrois* l'aîné. Outre les Mémoires contenus dans les deux Volumes qui viennent de paroître., on y trouvera les réfultats des obfervations météorologiques faites dans plus de 200 Villes différentes.

Le C. *Cotte* a les Matériaux d'un 3e. Volume de *Mémoires fur la Météorologie,* qu'il fera paroître lorfque les circonftances le lui permettront.

HENRI DE BOURBON,

DUC DE BOURBON,

PRINCIPAL MINISTRE,

Sous Louis XV.

[LO]UIS-HENRI DE BOURBON, Duc de
[Bour]bon, Prince de Condé, Duc d'Enguien,
[de G]uise & de Bellegarde, Comte de
[Cler]mont en Argonne, de Clermont en
[Arg]oiffis & de Châteaubriant, Marquis
[de N]oirmoutier, Seigneur de Saint-Maur,
[de M]ouen & de Chantilly, Chevalier des
[Ordr]es du Roi, Grand Maître de France,
[Gouv]erneur de Bourgogne & de Breffe,
[Membre] des Conseils de Sa Majesté, Principal
[Minift]re d'Etat, naquit le 8 Août 1692. Ce
[Princ]e étoit petit-fils de Louis XIV, par sa

[Mère & le] Roi, qui avoit pour lui cette affection
[qu'un] qu'un ayeul témoigne toujours